귀촌하면 키워 보고 싶은 **약초** 100 가지

귀촌하면 키워 보고 싶은 약초 100가지

초판 1쇄 인쇄 2019년 2월 27일
초판 1쇄 발행 2019년 3월 5일

지은이 조식제
펴낸이 양동현
펴낸곳 아카데미북
　　　 출판등록 제13-493호
　　　 주소 02832, 서울 성북구 동소문로13가길 27
　　　 전화 02) 927-2345 팩스 02) 927-3199

ISBN 978-89-5681-176-5 / 13520

＊잘못 만들어진 책은 구입한 곳에서 바꾸어 드립니다.

www.iacademybook.com

이 도서의 국립중앙도서관 출판시도서목록(CIP)은
e-CIP홈페이지(http://www.nl.go.kr/ecip)와 국가자료공동목록시스템(http://www.nl.go.kr/kolisnet)에서
이용하실 수 있습니다. CIP제어번호 : CIP2019006816

녹 색 식 물 이 주 는 행 복 이 시 작 된 다

귀촌 하면 키워 보고 싶은
약초
100가지

· 조식제 지음 ·

아카데미북

머리말

자연을 찾는 사람들이 늘고 있습니다. TV 방송에서도 자연 다큐멘터리의 인기가 높고, 산속이나 섬에서 홀로 생활하는 자연인의 모습도 즐겁게 보게 됩니다. 오염되지 않은 먹거리, 약초에 대한 탐구는 물론, 자연 속에서 질병을 치료한 경험이 방송의 소재가 되기도 하며, 또 사람들은 귀촌 귀농의 성공 사례를 보면서 자신의 행복한 전원생활을 동경하기도 합니다.

숲은 자연 학습장입니다. 숲속에 들어가는 것은 학교에서 배운 생태계를 온몸으로 느껴 볼 수 있는 좋은 기회입니다. 나무의 이름이며 풀의 약효 같은 사전 지식은 그다지 많을 필요 없고, 다만 풀 한 포기, 벌레 한 마리도 귀하게 생각하는 마음이 중요하다고 생각합니다. 들여다보면 숲속의 생물체 제각각 이쁘고 신기합니다. 우리가, 국가가 주인이 아니라 숲에 깃들어 사는 그들이 진짜 숲의 주인이라는 점을 인정하는 순간, 도시에서 배우지 못한 많은 것들을 배우고 또 느끼게 될 것입니다. 그것으로 귀촌 귀농의 준비는 끝난 것입니다.

노벨문학상을 받은 칠레의 시인 파블로 네루다(Pablo Neruda)의 「우리는 질문하다가 사라진다」라는 시 중에 "우리가 아는 것은 한 줌 먼지만도 못하고 짐작하는 것만이 산더미 같다. 그토록 열심히 배우건만 우리는 단지 질문하다 사라질 뿐"이라는 구절은 깊은 여운을 남깁니다.

짐작컨대, 저는 녹색 식물이 자연계의 진짜 생산자라고 생각합니다. 그들은 햇빛과 산소, 물 그리고 적당한 미량원소만 있다면 광합성을 해서 에너지를 만들어 냅니다. 사람들은 농업이란 이름하에 자신이 뭔가를 생산한다고 생각하지만 사실은 식물들이 열매나 뿌리를 잘 맺도록 도와주는 것이고, 실질적으로는 그들과 서로 돕고 사는 것일지도 모릅니다.

이 책은 제가 키워 보고 싶은 식물 위주로 수록하였습니다. 저는 귀촌 귀농의 현실이 낭만이 아니라 어쩌면 힘든 작업일 수도 있다고 생각합니다. 따라서 잡초스럽게 키울 수 있는 식물을 우선적으로 고려했고, 가급적 먹거리로 이용할 수 있으며, 나름 경제성이나 미래 지향성도 있는 식물 위주로 선정했습니다. 우리나라 특산종 위주로 했지만 외국의 우수한 신작물도 일부 포함시켰습니다.

「나고야의정서」가 말해 주듯 현대는 생물자원 전쟁입니다. 「나고야의정서」는 '유전자원의 접근·이용 및 이익 공유에 관한 법률'로, 2018년 8월부터 국내에서 시행되었는데, 다행인 것은 개인의 소비용이나 식품으로 이용하는 데에는 큰 제한이 없다는 점입니다. 그래도 문제가 생길 수 있으므로 외국에서 도입된 식물을 대량 재배할 경우에는 반드시 염두에 두어야 할 것입니다.

약초 재배는 생명을 키우는 막중한 일입니다. 약나무를 키우는 데에는 시간도 많이 들여야 합니다. 경제성이 있다면 더할 나위 없겠지만, 노동이 아니라 운동인 동시에 신기한 자연 공부이자 재미있는 놀이의 하나라고 생각하면 좋겠습니다. 아무쪼록 이 책이 귀촌 귀농을 염두에 두시거나 약초 재배에 관심을 가지신 분들에게 조금의 도움이 되기를 바랍니다.

늘 건강하시고 행복하세요!

2019년 봄이 오는 길목에서
조식제

목차

귀촌 하면 키워 보고 싶은 약초 100가지

가래나무

항암 효과가 있는 호두 사촌

- 영문명 Manchurian walnut
- 학명 *Juglans mandshurica* Maxim.
- 가래나무과 / 낙엽 활엽 교목
- 생약명 楸木(추목), 楸木皮(추목피), 核桃楸果(핵도추과)

재배 환경	북부 지방의 계곡 물가, 토양 습도가 높은 곳
성분 효능	지방 · 단백질 · 당류 · 비타민 C(열매), 배당체류 · 탄닌(나무껍질) / 항암, 피부병 개선
이용	식용(열매 · 수액), 손 지압 도구(단단한 열매), 우피선 치료, 세균성 질환 치료제, 염색제 원료

〔특징〕

가래나무는 키가 20m까지 자란다. 호두와 비슷한 열매를 맺는데 호두나무는 중국에서 도입한 종이고, 가래나무는 우리나라에 자생하는 나무이다. 덜 익은 열매는 독성이 있는데, 짓이겨 시냇물에 풀어서 물고기를 기절시켜 잡기도 하였다. 익은 열매는 식용하고, 잎이나 줄기, 껍질은 약으로 쓴다.

열매에는 지방·단백질·당류·비타민 C가 들어 있고, 나무껍질에는 배당체류와 탄닌(tannin) 등이 들어 있다. 한방에서는 열매를 '핵도추과(核桃楸果)'라 하여 우피선(소양성 피부염의 한 종류) 치료에 쓰고, 줄기와 가지의 껍질을 '핵도추피(核桃楸皮)'라 하여 적목(赤目)과 백대하(白帶下)에 약으로 쓴다. 최근의 여러 연구에서 가래나무의 항암(抗癌) 효과가 밝혀졌다.

〔개화〕

4~5월경 연녹색의 꽃이 피고, 9~10월경 열매가 호두처럼 익는다.

〔분포〕

우리나라의 중북부지역 산기슭, 중국 동북부, 시베리아에 분포한다.

〔재배〕

가래나무는 추운 지역에서 잘 자라며, 해발 500~1,500m 사이의 계곡 물가에서 많이 자생하므로, 토양 습도가 높은 곳에 재배하는 것이 좋다. 따뜻한 곳에서는 생장이 좋지 않다.

가을에 채취한 열매를 4~5일간 물에 담갔다가 모래에 묻어 두었다가 이듬해 봄에 파종하면 싹이 튼다. 커다란 가래나무 주변에서는 다람쥐나 청설모가 물어다 땅속에 숨긴 씨앗에서 발아하는 경우가 많다. 묘목을 구해 계곡 주변에 심으면 파종하는 것보다 빨리 수확할 수 있다. 뿌리가 활착되면 잘 자라는 나무이므로 조경수로도 좋고, 특히 우리나라 토종식물이기 때문에 더욱 애착이 간다. 호두나무와 접목하면 수명이 길어지고, 열매도 더 많이 달린다는 연구가 있다.

가래나무 꽃

가래(위) / 가래 껍질(아래)

가래나무 줄기

〔이용〕

열매는 호두처럼 껍질이 단단하므로 겉껍질을 벗겨내고 깨끗하게 손질하여 손 지압용으로 쓴다. 속살은 맛이 고소하며 호두와 비슷하여 견과류로 이용한다. 열매나 나무껍질 또는 뿌리는 이질이나 장염 등 세균성 질환의 치료에 쓴다.

북한과 중국에서는 뿌리껍질을 암 치료약으로 쓴다. 약간의 독성이 있으므로 직접 복용하는 것은 주의해야 하며, 각종 피부병에 진하게 달인 물로 씻어 주면 좋다. 무좀이 있을 때는 가래나무 잎을 신발에 깔아 준다.

가래나무에서 수액을 채취하는데, 맛이 달고 미네랄이 풍부하여 봄철에 고로쇠 수액처럼 채취해서 판매하고 있으며, 민간에서는 기관지나 폐 질환에 이용한다. 가래나무 수액의 안전성 여부는 더 검토될 필요가 있다. 참고로, 호두나무도 수액을 채취한다.

〔연구 특허〕

최근 연구에 의하면, 가래나무 추출액은 항보체 활성 · AIDS(후천성 면역결핍증) 치료 · 피부 미백 및 주름 개선 효과가 있고, 미숙과 추출물은 위 보호 작용이 있음이 밝혀졌다. 가래나무 과즙을 이용하여 발모 효과가 있는 천연 모발 염색제를 만든다는 특허도 있다.

가시오갈피

러시아 우주인의 건강 식재료

- 영문명 Siberian ginseng
- 학명 *Eleutherococcus senticosus* (Rupr. &Maxim.) Maxim.
- 두릅나무과 / 낙엽 활엽 관목
- 생약명 五加蔘(오가피)

재배 환경	북부 지방의 배수성 좋은 야산 또는 개간지의 반음지
성분 효능	사포닌 / 자양강장, 피로 해소
이용	밀원식물, 식재료, 약재료, 술재료

〔특징〕

가시오갈피는 해발 1,000m 이상의 고지에 자생하는데, 강원도 높은 산 음지에서 간혹 발견되고, 백두산 지역에는 비교적 많은 개체가 자생한다. 식물 전체에 가늘고 긴 가시가 촘촘하게 나 있으며, 키는 2~3m 정도로 자란다. 한방에서는 '잎이 다섯 갈래로 갈라진 인삼'이란 뜻의 '오가삼(五加蔘)'이라고 하며, 신경쇠약 · 식욕부진 · 건망증 · 불면증 · 고혈압 등의 치료나 자양강장제, 피로 해소제로 사용한다. 유사종으로 민가시오갈피 · 오갈피나무 · 섬오갈피나무 · 지리산오갈피 등이 있다.

가시오갈피의 주성분은 사포닌 계열이며, 인삼보다 많은 종류의 사포닌을 함유하고 있다고 하여 영어 이름은 '시베리안 진생(Siberian ginseng)'이다. 러시아에서는 추출물을 우주인의 식량에 쓴다.

서리 맞은 오갈피 열매는 '추풍사(追風使)'라 하는데『본초강목(本草綱目)』(이시진, 중국)에는 다음과 같은 구절이 있다. "得想乃紫黑 俗名爲追風使(득상내자흑 속명위추풍사 : 서리가 내려 자흑색으로 익으면 수확하는데 추풍사(풍을 몰아내는 사자)라고 한다) 乃不知其爲 眞五加皮也(내부지기위 진오가피야 : 오가피 열매가 오가피의 진수인데 이를 아는 사람은 많지 않다)." 오가피는 열매가 진짜라는 뜻인데 많이 섭취하는 것은 좋지 않은 듯, 새들도 열매 몇 알만 먹을 뿐 배불리 먹지 않는다.

〔개화〕

6~7월경 가지 끝에 옅은 황자색의 꽃이 피고, 9~10월에 열매가 검게 익는다.

〔분포〕

우리나라, 중국 동북 3성, 일본, 러시아 우수리 강 유역에 분포한다.

〔재배〕

추위에 강하고 물 빠짐이 좋은 그늘진 곳에서 자생하는 고산성 식물이므로 저지대에서 재배하는 경우 생육 상태가 불량하다. 강한 햇볕은 싫어하고, 비옥하고 습

가시오갈피 줄기(위) / 가시오갈피 잎줄기(아래)

가시오갈피 꽃(위) / 열매(아래)

가시오갈피(위) / 가시오갈피순 장아찌(아래)

가시오갈피 술

기가 많은 활엽수림에서 잘 자라므로 야산이나 개간지의 반음지에 심으면 좋다. 종자 번식과 꺾꽂이로 번식되는데 채종 즉시 과육을 제거한 뒤 직파하거나 묘판에 묻어서 발아시킨 뒤 파종한다. 직파하는 경우 파종 뒤 2년째 봄에 발아하기도 한다. 그해 나온 가지 또는 뿌리줄기를 꺾꽂이하여 번식시킨다. 묘목만 전문적으로 생산하는 농가가 있으므로 묘목을 구하여 심는 것이 편리하다.

〔이용〕

정원수나 밀원식물로 심기도 한다. 가시오갈피는 잎·줄기·열매·뿌리 모두 약용하지만, 특히 뿌리껍질을 한약재 오가피(五加皮, 한약재 이름에 피가 들어가는 것은 주로 뿌리껍질을 이용하는 것이다)로 이용한다. 항염·해열·진통 작용이 있어 간염·당뇨·고혈압·관절염·신경쇠약 및 식욕부진 등을 치료하는 효과가 있다. 어린순은 데쳐서 쓴맛을 빼고 무치거나 묵나물을 만들거나 장아찌도 만들고 밥지을 때도 넣으며, 만두소로 이용한다. 잎을 덖어서 잎차를 만들기도 한다. 백두산 인근에는 가시오갈피가 많이 자생하는데 어느 식당의 오갈피 새순으로 만든 만두는 특이하여 많은 사람들이 찾는다.

열매는 서리가 내린 뒤 수확해서 술을 담거나 식혜를 만들어 먹기도 하는데, 오갈피 열매로 담근 술은 맛과 향이 뛰어나다. 덜 익은 열매나 꽃은 발효액의 재료로 쓰고, 뿌리껍질을 술에 담가서 취침 전에 한 잔씩 마시면 요통이나 손발 저림에 효과가 있다. 소화 기능이 약한 소음인은 복통이 생기기도 하므로 주의한다.

〔연구 특허〕

피부 미백·탈모 방지·통풍·고혈압·암이나 간염 치료제 및 면역증강제 등에 관한 연구가 있고, 가시오갈피 발효주·발효 식초·청국장 등 많은 특허가 있다.

감국

감국

단국화

- 영문명 Indian dendranthema
- 학명 *Dendranthema indicum* (L.) Des Moul.
- 국화과 / 여러해살이풀
- 생약명 甘菊(감국)

재배 환경	남부 해안 지방의 일조량이 풍부하고 물 빠짐이 좋으며 바람이 잘 통하는 곳
성분 효능	아데닌(Adenine)·스타치드린(Starchydrine)·콜린(Choline)·정유 / 열감기·폐렴·기관지염·두통·현기증·고혈압·위장염·임파선염 개선
이용	나물, 꽃차, 식재료, 한약재, 미용재, 베갯속

[특징]

감국은 중부 이남 지역의 바닷가 바위 절벽이나 반음지에 자생한다. 꽃에서 특유한 향기가 나고 단맛이 조금 있어서 '감국(甘菊)'이라고 하며, 북한의 『동의학사전』에서는 '단국화'라고 부른다. 예전 궁중에서는 감국 꽃으로 국화주를 만들어마셨고, 민간에서는 고혈압 환자들이 약술과 약차로 이용하였다. 중국에서는 서리가 내리기 전에 꽃을 채취하여 술을 만들어 두었다가 중양절(음력 9월 9일)에 마셨다고 한다.

감국의 꽃은 유사종인 산국보다 큰 편이다. 감국은 주로 따뜻한 바닷가에 많이 자생하고, 산국은 감국보다 높은 산지에 자생한다. 꽃차는 주로 감국을 이용하며, 산국은 쓴맛을 날리기 위해 덖어서 말려 주어야 한다. 감국의 주요 성분은 아데닌(Adenine) · 스타치드린(Starchydrine) · 콜린(Choline) · 정유 등이고, 약리작용으로는 소산풍열(疏散風熱) · 명목(明目) · 청열해독(淸熱解毒) · 평간장(平肝腸) 등이있다. 열감기 · 폐렴 · 기관지염 · 두통 · 현기증 · 고혈압 · 위장염 · 임파선염 등에이용한다.

[개화]

9~11월경 노란색 꽃이 핀다.

[분포]

우리나라의 서남해안, 일본, 대만, 중국에 분포한다.

[재배]

씨로 번식하며, 물 빠짐이 좋은 곳에서 잘 사란다. 우리나라 전역에서 재배 가능하지만 일조량이 충분하고 통풍이 좋아야 한다. 꽃이 아름답고 향기가 있으므로 화단이나 화분에 심어도 좋다. 토양 적응성이 높으나, 너무 건조하지 않고 적당한 습기가 있으면 생육이 좋다. 번식은 분주(포기나누기)하는 것이 편하고 꽃을 빨리 볼수 있다. 육묘 상자에 모래를 깔고 줄기를 잘라서 삽목한 뒤 반음지에 보관하며

감국(위) / 산국(아래)　　　　감국

감국 말린 것

적절한 수분 관리를 해 주면 뿌리가 나오므로 한 번에 모종을 많이 생산할 수도 있다. 감국은 한 번 심으면 수년간 수확할 수 있으나 3~4년간 재배하면 뿌리가 밭에 가득 차고 수확도 감소하므로 캐서 분주하여 다시 심는다. 따뜻한 바닷가 공한지나 유휴지에 씨앗을 뿌려서 번식시켜도 좋다.

〔이용〕

어린 잎은 잎차나 나물로 이용하는데, 나물로 먹을 때는 데쳐서 충분히 우려 내야 한다. 새싹으로 죽을 끓이기도 하고 튀김도 만든다.

　서리가 내리기 전 꽃이 활짝 피었을 때 채취하여 식용 또는 약용한다. 감국차 · 감국주 · 화전 · 식혜를 만들어 먹으며, 잎과 꽃으로 만든 발효액은 희석하여 음료로 마시거나 요리에 넣으며, 발효주나 식초를 만들기도 한다. 감국은 성질이 찬 편이므로 몸이 차거나, 설사를 자주 하는 사람은 과용하지 않는다. 분말이나 추출물로 수제 미용 비누나 미스트를 만들고, 미용팩의 재료로도 이용한다. 감국 꽃과 잎을 말려 베갯속으로 쓰기도 한다.

　『방약합편』에서는 감국에 대해 이렇게 표현한다.

　菊花味甘除熱風(국화미감제습풍 : 단국화는 맛이 달고 열사와 풍사를 없앤다)

　頭眩眼赤收淚功(두현안적수누공 : 피진 눈과 어지럼증 모두 낫게 하고 눈물을 걷는 효력이 있다).

〔연구 특허〕

감국과 관련된 특허로는 피부 미백 및 탄력 증진용 화장품, 항결핵 조성물, 염증질환 치료용 조성물, 원적외선 건조로 항폐암 활성이 증진된 감국, 멜라닌 저색소증 개선제, 불면증 개선제, 골다공증 치료약, 헬리코박터 파이로리균에 대한 항균성 추출물, 통풍 억제용 감국과 계피물 추출물, 당뇨병 치료약 등 다양하다.

개똥쑥

개똥쑥

말라리아 천연 치료제이자
강력한 항암 약초

- 영문명 Sweet wormwood
- 학명 *Artemisia annua* L.
- 국화과 / 한해살이풀
- 생약명 青蒿(청호)

재배 환경	우리나라 전역 어디서나 잘 자란다. 농지·휴경지·노지 등의 유휴지
성분 효능	아르테미시닌 / 암세포를 선택적으로 괴사시키는 항암 효과
이용	약차, 식재료, 미용 재료, 한방 약재, 말라리아 치료, 항암 약재

〔특징〕

개똥쑥은 황무지나 길가, 산기슭에서 자라며, 작은 군집을 이루는 경향이 있다. 다 자라면 키는 1m 정도 되며, 풀 전체에 윤기가 있고 털은 없으며, 특이한 향이 난다. 잎을 손으로 비벼 보면 시원하고 청량감 있는 쑥 비슷한 냄새가 기분 좋게 느껴진다.

개똥쑥은 말라리아 천연 치료제로 널리 알려져 있다. 개똥쑥에 들어 있는 아르테미시닌(Artemisinin) 성분은 말라리아를 치료하고 낮은 독성으로 세계보건기구(WHO)에서 말라리아의 천연 치료제로 추천하였으며, 중국 군대에서 말라리아를 예방하기 위해 사용했다는 기록도 있다. 또 아르테미시닌은 암세포를 선택적으로 괴사시키는 항암 등의 효능이 입증되어 세계적으로 주목 받았으며, 개똥쑥 연구자는 노벨생리의학상을 받기도 하였다. 한방에서는 개똥쑥 지상부를 '청호(靑蒿)'라 하여, 발열감기·습열황달·학질·이질 등에 약용한다.

〔개화〕

6~8월경 황록색의 꽃이 핀다. 9월경 열매를 맺는다.

〔분포〕

우리나라 전역, 일본, 타이완, 몽골, 시베리아 등지에 분포한다.

〔재배〕

개똥쑥은 종자로 번식시킨다. 몇 개체를 키워 놓으면 저절로 씨가 퍼지고, 잡초와 경합하면서 번식한다. 개똥쑥은 별도의 관리가 필요하지 않으며, 건조할 때 수분을 공급해 주면 더욱 잘 자란다.

수확 시기와 관련하여 개똥쑥의 유효 성분인 아르테미시닌이 가장 많이 검출되는 시기는 개화 전후이므로, 한약재로서의 약리 효과를 최대한 이용하기 위해서는 개화 전후인 9월 상순에 수확하는 것이 바람직하다는 농촌진흥청의 연구가 있다.

개똥쑥 어린 것(위) / 개똥쑥 줄기(아래)   개똥쑥

개똥쑥 열매(위) / 개똥쑥 약재(아래)   돼지풀. 개똥쑥과 착각하기 쉽다.

〔이용〕

어린 개똥쑥 잎은 당근잎과 비슷하다. 외래종 식물인 돼지풀과도 비슷하지만 돼지풀은 줄기와 잎에 털이 많다. 개똥쑥 잎에서는 진한 허브 향이 나는데, 잎과 줄기로 차를 우려서 마시고, 발효액을 만들어 음료 또는 식품 첨가물로 쓰기도 한다. 김치를 담글 때 쓰기도 하는데 1% 미만을 첨가하는 것이 적당하다는 연구도 있다. 개똥쑥 발효액으로 발효주와 발효 식초도 만들 수 있다. 분말을 만들어 두면 떡이나 면 요리에 첨가할 수도 있고, 수제 미용 비누 등을 만들 때도 이용한다. 다만 개똥쑥의 약성은 찬 편이므로, 몸이 차거나 설사를 자주하는 사람은 복용할 때 주의해야 한다.

〔연구 특허〕

최근 연구에 의하여, 간암·폐암 및 위암세포의 세포 자멸(apoptosis) 유도 효과와 뇌세포 보호 활성이 확인되었고, 개똥쑥 약침 요법으로 체내 지질대사를 제어하여 비만을 개선할 수 있다는 연구도 있다. 또 발효 개똥쑥은 어류 병원균에 대하여 강한 항균 활성을 나타내었다. 또 뇌의 해마신경 재생·지방간 및 비만 치료·숙취 해소 음료·피부 재생 화장품이나 아토피 환자 등을 위한 목욕물 첨가제에 개똥쑥 추출물을 이용하고 있으며, 개똥쑥 추출물로 저염 고추장이나 된장·막걸리도 만들고, 곶감을 만들 때도 이용하며, 닭 사료에 첨가하여 항암 기능성이 있는 달걀을 만드는 등 그 이용 방법에 대한 다양한 특허가 있으며, 계속 새로운 연구 결과 및 아이디어가 특허로 출원되고 있다. 개똥쑥 추출물은 제초제 기능도 있다.

갯방풍

갯방풍

바닷가 모래밭에 나는 귀한
채소이자 약초

- 영문명 Coastal Glehnia
- 학명 *Glehnia littoralis* F.Schmidt ex Miq.
- 산형과 / 여러해살이풀
- 생약명 北沙蔘(북사삼)

재배 환경	남부 지방의 해안과 인접한 모래땅, 물 빠짐이 좋은 사질 참흙
성분 효능	루틴 · 클로로겐산 · 정유 / 성인병 예방
이용	나물, 식재료, 한약재(피부염 치료, 중풍 · 신경통 치료)

〔특징〕

갯방풍은 독특한 향기와 맛을 지닌 고급 나물로서 해변의 모래밭에 자생한다. 일반적으로 '방풍나물'이라고 부르는 식물은 갯기름나물(식방풍)이고, 갯방풍(해방풍)과는 전혀 다른 식물이다. 방풍이라는 약용식물도 따로 있는데 중국이 원산지로서 '원방풍(元防風)'이라 하여 구별하기도 한다. 갯방풍은 해발고도 5m 내외의 모래밭에 자생하고, 갯기름나물은 해안가의 바위틈이나 산지에서 자란다. 갯방풍은 모래밭에 붙어서 자라고 키는 5~20cm 정도이며, 식물 전체에 흰색 털이 있고 뿌리는 모래 속으로 깊게 들어간다.

뿌리에 특이한 향이 있고, 맛은 달콤한 편이다. 어린순을 나물로 하고, 감기에 걸렸을 때 뿌리를 캐어 먹었으며, 피부염에는 전초를 삶아서 목욕을 하였다. 한방에서는 '북사삼(北沙蔘)' 또는 '해방풍'이라고 하는데, 양음청폐(養陰淸肺), 생진익위(生津益胃)의 작용을 하며, 고혈압이나 뇌졸중으로 발생하는 중풍·신경통 약으로 쓴다. 갯방풍은 자생지가 파괴되어 개체 수가 날로 줄어 가는 귀한 식물이다.

〔개화〕

6~7월경 하얀 꽃이 핀다.

갯방풍, 갯기름나물, 방풍 비교

| 갯방풍 | 갯기름나물 | 방풍 |

갯방풍 어린순(위) / 갯방풍 열매(아래)　　갯방풍 꽃

갯방풍

〔분포〕

우리나라 전역의 해안가, 일본, 중국, 러시아에 분포한다.

〔재배〕

제주도는 비교적 많은 개체가 확인되고, 서해안 북방 한계 지역은 태안반도, 동해안은 강원도까지 발견되며, 만조선에서 30m 내외, 해발고도 5m 내외의 모래밭에 자생한다. 노지재배는 해안과 인접한 모래밭이 좋다. 갯방풍은 종자로 번식하는데, 씨앗을 바로 흩뿌리거나, 모래와 섞어 모판 상자에 파종하여 발아시킨 뒤 이식한다. 내건성이 강하지만 발아기에는 건조하지 않도록 볏짚으로 덮어 주고 간간이 물을 뿌려서 관리한다. 봄에 파종하면 가을에는 어린잎을 수확할 수 있다. 수경 재배하여 새싹을 대량생산할 수도 있고, 관수할 때 게르마늄을 시비하여 약효를 높일 수도 있다. 갯방풍은 흔한 식물이 아니어서 갯기름나물을 방풍나물이라 하여 많이 재배한다. 강릉시에서는 훼손되었던 갯방풍 자생지를 복원하고, 종묘를 공급하여 새로운 소득 작물로 키운다는 소식이 있다.

〔이용〕

어린순은 약간의 매운맛과 단맛이 있고 식감이 좋다. 특이한 향이 있어서 초무침을 해도 좋으며, 살균 작용이 있어서 식중독을 예방하므로 생선회와 잘 어울리는 쌈채소다. 관절염에는 뿌리를 짓찧어 환부에 붙이고, 말린 뿌리로 술을 담아 마시면 중풍에 좋다. 갯방풍으로 잎차를 만들고, 커피에도 첨가하며, 국수도 만든다. 발효액이나 분말을 만들어 두면 발효주·발효 식초 등 다양한 식품에 활용할 수 있다.

〔연구 특허〕

최근 연구에 의하여 소염 작용 및 암 예방 효과·항생제 내성균의 억제 효과·항진균 작용 등이 밝혀졌고, 갯방풍으로 심혈관 질환 치료약·관절염 치료제·피부 노화 방지 화장품 등을 만든다는 특허가 있다.

겨우살이

추운 겨울이 만들어 낸 힘

● 영문명 Korean mistletoe
● 학명 *Viscum album* var. *coloratum* (Kom.) Ohwi
● 겨우살이과 / 여러해살이 기생식물
● 생약명 桑寄生(상기생)

재배 환경	북부 지방. 1~2월에 열매의 껍질을 제거한 뒤 과육과 종자를 중부 이북 지방의 뽕나무 · 자작나무 · 거제수나무 · 물박달나무 등 숙주목에 붙인다.
성분 효능	렉틴(lectin) · 비스코톡신(viscotoxin) · 쿼세틴(quercetin) · 아비큘라린(avicularin) / 항암
이용	발효액 음료, 식재료, 미용재 원료, 의약품 원료

〔특징〕

겨우살이는 겨우살이과의 여러해살이 기생식물이다. 세계적으로 1,500여 종이 있는데, 우리나라에는 참나무류에 흔하게 보이는 겨우살이, 남해안의 동백나무 등에 자생하는 동백겨우살이, 제주도 등 남쪽 지방에 자생하는 붉은 열매의 붉은겨우살이, 상록성이 아니어서 일반 겨우살이와 달리 잎이 빨리 떨어지므로 겨울에는 열매만 보이는 꼬리겨우살이, 제주도 서귀포의 동백나무나 후박나무 등에 자생하는 참나무겨우살이의 5종이 자생하고 있다. 고산의 침엽수에는 '송라(소나무겨우살이)'라는 종도 있으나 송라는 지의류에 속한다.

겨우살이 · 붉은겨우살이 · 꼬리겨우살이는 반기생, 즉 수분만 취하여 나무를 죽이지 않는 반면, 동백나무겨우살이나 참나무겨우살이는 숙주목을 죽게 하는 전기생 식물이다. 참나무겨우살이는 제주도에서만 발견되고 동백나무겨우살이는 남해안 섬지방의 동백나무 등에서 발견된다. 겨우살이류는 열매에 의하여 번식하는데, 나무의 종을 가리지 않고 착생하므로 열매만 확보하면 숙주목을 선택하여 재배할 수도 있다.

서양에서는 '미슬토(Mistletoe)'라 하여 항암제나 건강보조식품에 사용해 왔고, 동양권에서는 예전부터 뽕나무의 겨우살이를 최고로 쳤다. 참나무에 자생하는 겨우살이는 약으로 이용했으나 느티나무나 밤나무 등의 것은 부작용이 있다고 하여 약으로 이용하지 않는다. 겨우살이 열매를 뽕나무나, 약나무로 이용되는 자작나무 · 산복사나무 등에 붙여서 키우면 훌륭한 약이 될 것이다.

〔개화〕

4~5월경 노란 꽃이 피고, 열매는 11~12월경 노랗거나 붉게 익는데, 반투명의 둥근 열매가 되며, 과육은 점성이 강하다.

〔분포〕

우리나라 전역, 중국, 일본, 대만, 중국, 소련, 유럽, 아프리카에 분포한다.

송라(소나무겨우살이)

꼬리겨우살이

동백나무겨우살이

참나무겨우살이

겨우살이

〔재배〕

겨우살이는 아한대성 식물로서, 열매로 번식하는데 새들이 열매를 먹고 다른 나무에 앉아 배설하면 종자가 그 나무에 붙어서 발아하여 자란다. 또 과육의 점액질 성분 때문에 새의 부리나 다리에 달라붙어서 불편해지므로 다른 나뭇가지에 비벼서 떼어낼 때 씨앗이 그 나무에 착생하여 자라기도 한다. 실제로 먹어 보면 사람도 오랫동안 입안이 거북하다. 겨우살이 실생 번식은 중부 이북 지역이 좋고, 1~2월경 열매의 껍질을 제거한 뒤 과육과 종자를 숙주목에 붙이면 된다. 나무는 1~2년차 어린 나뭇가지에 착생을 살한다. 착생 후 2년차부터 잎이 형성되고, 5년 이상 키우면 수확할 수 있다. 숙주목은 뽕나무와 자작나무·거제수나무·물박달나무 외에도 약나무인 헛개나무·두충나무·귀룽나무·산복사나무 등도 추천할 만하다. 마가목·황칠나무는 약성이 좋지만 겨우살이가 착생한 경우를 보지 못했다. 착생만 된다면 약성이 풍부한 겨우살이가 될 것이다.

「매실나무를 기주식물로 이용한 겨우살이의 재배 방법」이라는 특허가 있고, 겨우살이 종자의 흡기를 형성시킨 뒤 적절한 시기에 모종나무에 접붙이기를 하면 생존율을 높이고, 성장 속도를 빠르게 할 수 있다는 내용의 특허도 있다.

〔이용〕

겨우살이는 말려서 차를 우려 마신다. 발효액을 만들어서 발효차·발효주·발효식초를 만들 수 있다. 겨우살이는 수분이 많지 않으므로 설탕 시럽을 만들어서 혼합한 뒤 재료가 잠기도록 눌러 준다. 분말을 만들어서 각종 요리에 첨가하거나 수제 미용 비누 또는 미스트를 만들 수 있다.

김치를 담글 때 겨우살이를 넣으면 김치 숙성과 함께 겨우살이도 발효되어 김치의 보존 기간이 길어지고 풍미도 너해진다. 『방약합편』에는 기철(忌鐵), 물건회(勿見火)라는 주의사항이 있는데, 열을 가하면 겨우살이의 렉틴 성분이 파괴된다는 설이 있으므로 발효 추출이 좋다.

겨우살이   겨우살이

겨우살이 열매

[연구 특허]

특허를 살펴보면, 겨우살이커피·고추장·항당뇨빵 및 소시지·겨우살이 막걸리·항암 기능성 저염 김치·청국장·겨우살이 엿이나 양갱 등 겨우살이를 이용한 식품 특허가 많고, 겨우살이치약·헤어토닉·화장품도 만든다.

또 겨우살이 비스코사이오닌을 유효 성분으로 하는 항당뇨 겨우살이 추출물, 한국산 겨우살이의 렉틴 B 체인을 함유하는 면역 증강용 조성물, 조류독감 억제용 약학 조성물, 방사선 조사를 이용한 저독성 겨우살이 추출물 및 렉틴의 제조 방법, 신경병증성 통증의 예방 및 치료용 조성물, 항암 작용 증강제와 인터페론-감마를 유효 성분으로 함유하는 항암제용 조성물, 항고혈압 활성을 가지는 한국산 겨우살이 추출물 및 활성성분의 추출 방법, 운동 수행 능력 증강 및 피로 억제 효과를 갖는 겨우살이 추출물, 항비만 활성 및 지방간 예방 활성을 갖는 겨우살이 추출물, 골길이 성장촉진용 조성물, 황태·헛개나무·겨우살이 추출물 및 칡의 카테킨 성분을 함유하는 숙취 해소 및 간 보호용 조성물 등 의료 목적의 특허도 다수 출원되고 있다.

곰취 어린순

곰취

산나물의 제왕

- 영문명 Fischer's ragwort
- 학명 *Ligularia fischeri* (Ledeb.) Turcz.
- 국화과 / 여러해살이풀
- 생약명 紫菀(자완)

재배 환경	북부 지방의 내한성 · 내음성이 좋고 비옥한 사질양토. 유기물 함량이 풍부하고 완만한 나무 사이 경사면
성분 효능	방향정유, 폴리페놀 · 플라보노이드 등 항산화 물질 풍부 / 항비만 효과
이용	쌈 · 겉절이 · 나물 · 국거리 등 식재료, 화장품 원료

곰취는 높고 깊은 산의 습기 있는 곳에서 자란다. 둥근 심장 모양의 잎은 산나물류 중에서 매우 큰 편에 속하는데, 음지에서 자랄수록 잎이 더 크고 부드럽다. 곰취 어린잎을 쌈거리나 나물로 이용하는데, 데쳐도 향기가 없어지지 않으며 푸른색이 그대로 남아 있다. 유사종으로, 잎이 비교적 날렵하게 생긴 곤달비, 백두산이나 북부 지역에 자생하는 화살곰취·무산곰취 등이 있다. 참고로, 남해안 바닷가에는 잎과 꽃은 비슷하지만 종이 다른 털머위(*Farfugium japonicum* (L.) Kitam.)가 있다. 백두산처럼 해발고도가 높은 곳에 자생하는 것일수록 맛과 향이 강해진다. 중국에서는 곰취를 나물로 먹기보다는 주로 한약재로 이용한다.

곰취는 폐를 튼튼히 하고 가래를 삭이는 효과가 있다. 한방에서 곰취 뿌리를 '자완(紫菀)'이라 하여 해수·천식·요통·관절통 등에 이용하고, 민간에서는 황달·관절염·간염 등에 이용한다. 과학적으로 항산화 및 항염증 작용을 하며, 발암 억제 효과가 높은 것으로 밝혀졌다. 곰취에는 곰취 특유의 향을 내는 '방향정유'가 들어 있으며, 항산화 물질인 폴리페놀과 플라보노이드가 다른 산나물에 비해 훨씬 많아 항산화 효과가 높은 것으로 보고되었다.

[개화]

7~9월 꽃줄기 하나에 노란색의 꽃이 여러 개 달린다.

[분포]

우리나라, 중국, 일본, 동시베리아 지역의 높은 산 습지에 난다.

[재배]

습기가 보존되는 높은 산의 능선에도 자라지만 대부분 낙엽수림 하부의 북사면이나 물가 쪽에 자생한다. 내한성·내음성이 뛰어나고 비옥한 사질양토에서 잘 자란다. 산자락에 재배할 때는 가을에 종자를 채취하여 직파하여 겨울을 넘기도록 하고, 저온 보관된 종자는 다음해 봄에 파종한다. 수확을 앞당기려면 모종을 심는

곰취(위) / 곤달비(아래)　　　　　　백두산에 핀 곰취 꽃(위) / 곰취장아찌(아래)

곰취 시설 재배

것이 좋은데, 유기물 함량이 풍부하고 완만한 경사면의 나무 사이에 심어도 된다. 한 번 심으면 4~5년간 수확할 수 있고, 자연적으로 발아하여 어린 개체도 생기며, 뿌리를 분할하여 증식시키기도 한다.

〔이용〕

연한 잎과 줄기를 쌈채소 · 겉절이 · 나물 · 국거리 · 묵나물 · 장아찌로 이용한다. 곰취 잎을 잘 말려서 가루를 내어 쿠키 · 칼국수 · 두부를 만들 때 넣기도 한다. 곰취장아찌를 담은 뒤 숙성시키면 곰취 간장이 만들어진다.

조선시대의 경제생활서 『산림경제』와 조리서인 『박해통고』에는 곰취장아찌 만드는 법이 나오는데 내용은 다음과 같다.

① 4월 곰취 잎을 채취하여 깨끗한 것으로 골라 잎을 차곡차곡 포갠 다음 약간의 소금물에 담근다.

② 바가지에 담고 주물러서 잎새의 즙이 완전히 다 빠져나오게 한다.

③ 2를 단지에 담고 물을 가득 채운다.

④ 겨울이 되면 꺼내 먹는데, 아주 부드럽다.

〔연구 특허〕

최근 특허에 의하면, 곰취 추출물이 항염증 작용을 하고, 항돌연변이성 및 유전 독성 억제 효과가 있으므로 쇠고기나 삼겹살을 구워 먹을 때 곁들이면 매우 좋다고 한다. 또 멜라닌 색소 생성의 억제를 막아 주므로 화장품 원료로 이용할 수 있다는 연구도 있다.

광나무

광나무

정기(精氣)를 좋게 하는 약

- 영문명 Wax-leaf privet
- 학명 *Ligustrum japonicum* Thunb.
- 물푸레나무과 / 상록 활엽 교목
- 생약명 女貞木(여정목), 女貞實(여정실)

재배 환경	남부 지방의 보습력이 있는 토양
성분 효능	올레아놀산 · 만니톨 · 포도당 · 올레익산(oleic acid) · 리롤레익산(linoleic acid) · 페놀성 화합물 / 혈소판 응집 저해 · 항균 활성 등 생리 활성
이용	나무는 정원수나 생울타리용 / 잎은 차의 원료, 식재료 / 열매는 한약재

〔특징〕

상록수인 광나무는 도톰한 잎에 왁스 성분이 많아 '광(光)'이 나므로 '광나무'라고 한다. 키는 3~5m 정도로 자란다. 잎과 열매, 꽃이 쥐똥나무와 비슷한데, 쥐똥나무는 우리나라 전역에서 자라는 낙엽성 관목이고, 광나무는 따뜻한 남서해안에 자생한다.

광나무 열매의 생약명인 '여정실(女貞實)'은 '여성에게 좋은 열매'라는 뜻이다. 주요 성분으로는 올레아놀산(oleanolic acid) · 만니톨(mannitol) · 포도당 · 올레익산(oleic acid) · 리롤레익산(linoleic acid) 등이 있다. 맛은 쓰고 달며, 성질은 평(平)하고, 간(肝) · 신(腎) · 이경(二經)에 작용하여 한방에서는 목암불명(目暗不明 : 눈이 침침하고 잘 안보이는 병) · 수발조백(鬚髮早白 : 수염이나 머리카락이 희어지는 병) · 현훈(眩暈) · 이명(耳鳴) 등을 치료하는 데 쓴다. 최근 연구에 따르면, 광나무 잎에는 혈소판 응집 저해 · 항균 활성 등 다양한 생리 활성을 나타내는 시링긴(syringin) 등의 페놀성 화합물을 다량 함유하고 있는 것으로 밝혀졌다.

〔개화〕

7~8월경 흰 꽃이 피고, 열매는 9~11월경 검게 익는다.

〔분포〕

우리나라 서남부 지역 바닷가, 일본 오키나와, 타이완에 분포한다.

〔재배〕

내한성과 내건성이 약하므로 남부 지방의 보습력이 있는 토양이 좋다. 실생 번식은 가을에 잘 익은 열매를 따서 종자를 발라내어 젖은 모래에 묻어 저장했다가 이듬해 봄에 파종한다. 성장은 빠른 편으로 파종 뒤 3~4년 정도 육묘한 뒤 이식한다. 꺾꽂이는 봄철 새싹이 나기 전이나 장마철에 하는데 그해 자란 가지를 삽목하면 발근이 잘된다. 잎은 적당히 잘라 주는 것이 좋다. 모종을 구해서 심으면 시행착오를 줄이고, 수확이 빨라져서 여러 모로 편리하다.

광나무 꽃과 열매　　　쥐똥나무 꽃과 열매

광나무

[이용]

나무의 형태를 다듬을 수 있으므로 정원수나 생울타리용으로 심는다.

잎과 열매, 가지를 모두 이용할 수 있다. 잎은 차의 재료로 이용하고 밥 지을 때도 넣는다. 분말을 만들어서 각종 요리에 활용할 수 있다. 열매는 발효액을 만들어서 음료나 각종 요리에 첨가하고, 발효주나 발효 식초를 만들기도 한다.

[연구 특허]

최근 연구에 의하여, 광나무의 뇌신경 보호 활성·광나무 추출물의 항노화 효과·항당뇨 활성 등이 확인되었다. 「광나무 및 원추리 추출물을 유효 성분으로 함유하는 주름 개선용 화장료 조성물」이라는 특허도 있다.

구절초

구절초가 피면 가을이 오고
구절초가 지면 가을이 간다

- 영문명 White-lobe Korean dendranthema
- 학명 *Chrysanthemum zawadskii* subsp. *latilobum* (Maxim.) Kitag.
- 국화과 / 여러해살이풀
- 생약명 仙母草(선모초)

재배 환경	중부 지방 이북의 햇볕이 충분하고 배수가 잘되는 곳
성분 효능	폴리페놀 · 플라보노이드 / 세균 생성 억제, 염증 완화
이용	식재료, 한방 약재, 양방 치료약 원료, 방향제 재배 시 습도 조절에 주의한다.

[특징]

구절초는 '아홉 번 꺾이는 풀'이라는 의미에서 '구절초(九節草),' 음력 9월 9일에 약효가 가장 좋다고 하여 '구일초(九日草)'라고도 한다. 우리나라 전역의 햇빛이 잘 드는 산지에 자라며, 키는 50cm 정도로 자란다. 산구절초·포천구절초·한라구절초·울릉국화 등 여러 종이 있고, 백두산에는 바위구절초가 있다. 일반적으로 구절초 외에 산국·감국·쑥부쟁이 등을 포함해서 '들국화'라고 부르고 있다. '구절초가 피면 가을이 오고, 구절초가 지면 가을이 간다'는 말이 있다.

한방에서는 꽃이 필 때 뿌리까지 채취하여 그늘에 말려 불임이나 부인병·위장병·치풍 등을 치료하는 데 쓰고 있다. 최근 연구에 의해 유방암 전이 억제·심혈관질환·변비·위염·위궤양·알레르기·비만·숙취·항산화·항균·미백·살충 등 다양한 효과가 있는 것으로 확인되었다. 구절초에 들어 있는 폴리페놀과 폴라보노이드 성분은 세균 생성을 억제하고 염증을 완화하는 데 효과가 있는 것으로 알려져 있다.

[개화]

9~10월경 연분홍색 또는 흰색의 꽃이 핀다. 일반적으로 국화류들의 꽃은 자외선으로부터 보호하기 위해서 꽃봉오리 상태일 때는 붉은색 또는 진분홍색을 띠고 있다가 수분이 이루어진 뒤에는 흰색으로 변한다. 자외선이 강한 백두산에서 자라는 바위구절초는 꽃이 붉은색으로 피기 시작한다.

[분포]

우리나라 전역, 중국, 몽골, 일본에 분포한다.

[재배]

내건성이 강하여 충분한 햇볕이 필요하고, 배수가 잘되는 곳에서 자란다. 종자로 번식시키는데, 가을에 채취한 꽃봉오리를 말려서 씨앗을 털어낸다. 망사 주머니에 넣고 비비면 씨앗을 쉽게 골라 낼 수 있으며, 바로 파종하거나 통풍이 잘되는 곳

구절초 잎(위) / 백두산 바위구절초(아래)　　구절초

구절초 밭

에 보관하였다가 3~4월경에 파종한다. 다양한 토양에서도 잘 적응하지만 배수가 양호한 사질양토가 좋고, 성장 초기에 토양의 습도를 유지해 주면 많은 꽃을 피울 수 있다. 다만 과습하면 생육이 불량해진다. 대량 재배할 경우에는 물 빠짐이 좋게 하기 위하여 두둑을 만들어서 파종하고 이랑을 파 준다. 이식도 잘되므로 포기나 누기를 하여 심는다. 화분에 올릴 때는 부엽토와 굵은 배양토, 마사토를 혼합하여 사용하며, 관수를 적게 해야 웃자람을 방지할 수 있어서 관상 가치가 있다.

[이용]

정원이나 화단·밭둑·도로변에 심어도 좋은데, 휴양림·공원 등 각종 공한지 의 조경식물로 심는다.

봄날 어린순을 채취하여 쓴맛을 우려낸 뒤 양념해서 먹고, 녹즙을 내어 마시기 도 한다. 잘 말린 잎과 대·말린 꽃은 끓는 물에 우려서 차로 마신다. 생것으로 발 효액을 만들어서 음료나 된장·고추장·식초 등 각종 음식을 만들 때 첨가한다. 구절초 줄기와 잎·꽃을 말려서 베갯속으로 쓰면 방향제가 되어 두통이나 탈모 에 좋다. 진주조개 껍질이나 전복 껍질을 구절초 식초로 녹여서 칼슘이 풍부한 구 절초 진주식초를 만들기도 한다. 세종시 장군산의 영평사에서는 해마다 구절초 축제를 하는데, 구절초비누 만들기·자연 염색 등 다양한 체험 활동을 할 수 있으 며, 구절초로 만든 국수와 차·가래떡도 맛 볼 수 있다.

[연구 특허]

구절초를 이용하는 특허에는, 구절초 발효액·환·무말랭이 무침·티백 홍차·전 복 장조림·구절초 식혜·온면·칡과 구절초를 이용한 콩나물 재배 방법 등 식품 과 관련된 특허가 많고, 신장암이나 백혈병 치료약, 당뇨병 및 심혈관계 질환 치료 약, 위장관 질환 치료제, 골관절 질환 치료용 조성물, 백하수오·구절초 또는 측백 엽 추출물을 포함하는 수면 장애의 예방 또는 치료제 등 의료 목적의 특허도 많이 있으며, 베개나 방석, 목걸이에도 구절초가 이용되고 있다.

그라비올라

그라비올라

인디언들의 천연 약초

재배 환경	온실. 기온이 20℃ 이하로 내려가지 않는 곳. 겨울철에 보온 시설이 잘 된 곳
성분 효능	아세트게닌 · 아세트게닌 등의 물질 이 12종의 암세포를 사멸시킨다
이용	식재료, 화장품 재료

- 영문명 Graviola, Soursop
- 학명 *Annona municata* L.
- 포포나무과 / 상록 활엽 관목

[특징]

그라비올라는 '구아나바나' 또는 '가시여지'라고도 부른다. 포도나무과에 속하는 열대성 상록나무로, 키가 8m 정도 자란다. 꽃은 연녹색으로 피고, 15~22cm 크기의 열매는 황록색으로 익는데 무게는 2~6kg 정도이다. 해면질의 과육은 신맛이 강하여 '사우어숍(Soursop)'이라고도 한다.

필리핀에서는 '구야바노(Guyabano)', 열매의 모양이 두리안을 닮아서 말레이시아에서는 'Durian belanda', 태국은 'Thurian thet'라고 한다. 열대지방에 자생하거나 재배되고 있는데, 현지인들은 그라비올라 잎으로 차를 끓여 마시며, 고혈압과 암을 예방한다고 한다. 열매는 섬유질·단백질·비타민은 물론 파이토케미컬이 풍부하여 염증성 질환에 효과적이다. 그라비올라 잎을 우려 낸 물로 만든 비누나 미스트는 피부 미용 효과가 있다.

그라비올라의 효능은 미국의 퍼듀 대학의 연구에서 밝혀졌는데, 잎과 줄기에서 추출한 아세트게닌 등의 물질이 유방암·대장암·췌장암 등 12종의 암세포를 사멸하는 것으로 나타났으며, 화학요법 뒤 내성을 가진 암세포도 공격하여 죽인다고 하였다. 또 연구진들은 기생충이나 바이러스·곰팡이에 대한 특이한 효과도 있음을 밝혀 냈다. 아노나(Annona)속의 체리모야·아떼모야·슈가애플·폰드애플 등의 열대식물에도 그라비올라와 같이 현지인들에게 전통적인 약용식물로 이용되어 왔고, 최근 연구에 의하여 아세트게닌 등의 생리 활성 물질을 함유하고 있어서 제약업계의 주목을 받고 있다.

[분포]

인도 서부 지역, 필리핀, 베트남, 남미 등 연 강수량 1,000mm 이상인 열대지방에 자생하거나 재배되고 있다.

[개화]

꽃은 연녹색으로 피고, 15~22cm 크기의 열매는 황록색으로 익는다.

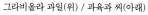

그라비올라 잎(위) / 그라비올라 꽃(아래)　　　그라비올라 과일(위) / 과육과 씨(아래)

그라비올라를 원료로 한 건강식품　　　그라비올라를 원료로 한 차

〔재배〕

그라비올라는 열대지방 우림에서 자라는 식물이므로 기온이 20℃ 이하로 내려가면 생장이 정지되고, 잎도 상한다. 여름에는 노지재배가 되지만 겨울철에는 보온 시설이 된 곳에서 키워야 한다. 화분에 올려 실내에서 키우면 관리와 이용이 편하다. 실내에서 키울 경우 웃자라지 않도록 생장점을 잘라 주면 좋다. 충분한 습도를 유지하고 따뜻하게 관리해 주면 종자 발아도 잘된다. 전문적으로 묘목을 생산하는 농가가 많으므로 묘목을 구해서 키우는 것이 여러 모로 편리하다. 우리나라에서는 꽃을 피우고 열매를 맺기 어렵고, 대규모로 재배하는 경우 동남아시아 재배 농가와 경쟁해야 하므로 채산성 확보에는 의문이 있다.

〔이용〕

생잎을 일반 채소처럼 요리 재료로 이용한다. 전이나 튀김을 만들 때 채 썰어 넣기도 하고, 생선이나 육류 요리에 첨가할 수 있는데, 그라비올라 추어탕 전문식당도 있다. 차를 끓여 마시고, 밥을 지을 때 넣기도 한다. 분말이나 발효액을 만들어 두면 보관이 쉽고, 각종 음식에 활용하거나 수제 비누·미스트·목욕제 등에 이용하기 쉽다. 과도하게 복용하거나 장기간 복용하는 것은 삼가해야 하고, 특히 저혈압이나 임산부는 주의하는 것이 좋다.

〔연구 특허〕

국내 연구진에 의하여 그라비올라의 항균 또는 항산화 효과, 그라비올라 비누의 민감성 피부에 대한 개선 작용이 확인되었다. 특허를 살펴보면, 그라비올라 추출물을 이용한 빵·국수·떡·매운탕·추어탕·커피 등의 식품 제조 방법에 관한 특허가 있고, 면역 증강용 약학 조성물·상황버섯 및 그라비올라 발효 추출물·피부 주름 개선용 마스크 및 화장료·치약·물티슈 제조 방법 등 다양한 특허가 출원되고 있다.

금낭화

금낭화

어린순은 며늘취
꽃은 비단 주머니

- 영문명 Bleeding heart
- 학명 *Dicentra spectabilis* (L.) Lem.
- 현호색과 / 여러해살이풀
- 생약명 錦囊花(금낭화)

재배 환경	중부 지방 이북의 물 빠짐이 좋은 반 음지의 자갈층 토양
성분 효능	알칼로이드류 · 프로테르펜 / 혈액순 환 개선, 종기 치료
이용	어린순은 나물로 먹고, 뿌리줄기를 약용한다.

〔특징〕

금낭화는 현호색과의 여러해살이풀이다. 산지 계곡에 무리 지어 자라며, 꽃이 아름다워서 관상용으로 많이 심는다. 키는 60~100cm로 자라고, 꽃은 줄기의 한쪽으로 지우쳐 주렁주렁 매달린다. 어린순을 '며늘치'·'며늘취'·'며눌취'라고 부르며 나물로 먹는다. 예전 여인들의 허리춤에 다는 비단 주머니와 닮았다고 하여 '금낭화(錦囊花)'라는 이름이 붙었다. 서양에서는 꽃이 심장 모양이고 붉은색이어서 '피 흘리는 심장(bleeding heart)'이라고 한다. 전국 곳곳에 자생하며, 전북 완주의 대아수목원 금낭화 군락이 유명하다.

전초에 알칼로이드가 0.1~2% 들어 있다. 금낭화 꽃이나 씨를 맨손으로 만지면 노란 물이 드는데 알칼로이드 성분이므로 바로 씻어 내는 것이 좋다. 금낭화를 포함한 현호색과의 식물들은 대체로 유독성 식물이기는 하지만, 진통 효과가 있는 정유 성분을 함유하고 있다. 금낭화의 뿌리와 줄기의 프로테르펜 성분은 고혈압을 낮추고 종기를 없애는 효능이 있다

〔개화〕

4~5월경 담홍색의 꽃이 핀다. 흰 꽃(변이종)이 피기도 한다. 종자는 6~7월경 익는다.

〔분포〕

우리나라 전역, 시베리아, 중국 북부, 일본에 분포한다.

〔재배〕

금낭화는 수부이 충분하면서도 물 빠짐이 좋은 북동향 계곡에서 많이 발견되고, 바위와 자갈층 토양에서 잘 자란다. 봄에는 직접 햇볕을 받고, 나뭇잎이 커진 이후에는 반음지가 되는 지형이다. 또 토양의 영향을 받는데, 알칼리성 토질에는 본래의 색으로 꽃이 피고, 산성 토양에서는 붉은색이 강해지거나 흰 꽃이 피기도 한다. 종자 번식은 7~8월경에 익은 씨를 채취하여 산지의 계곡 물가에 뿌려 주면

며늘취 새순　　　　　　　　　　　　　　금낭화 흰색 꽃(위) / 금낭화 꽃(아래)

금낭화 밭

금낭화로 가득 찬 계곡을 만들 수 있다. 가을에 뿌리를 갈라서 심으면 파종해서 키우는 것보다 빨리 꽃을 볼 수 있다. 또 배수가 잘되는 큰 화분에 심어서 반음지에 두어도 좋다.

[이용]

어린잎과 줄기는 삶아서 물에 충분히 우려 낸 뒤 초고추장에 찍어 먹거나 묵나물을 만들거나 나물밥을 지어 먹는다. 금낭화는 꽃이 아름다워서 조경용으로 많이 이용하고, 정원이나 화분에 심어서 감상한다. 꽃이 햇빛에 직접 노출되면 색감이 옅어지므로 반음지에서 키우는 것이 좋다. 꽃이 시들면 꽃대와 줄기를 땅바닥에 가깝게 잘라 주고, 잘라 낸 꽃대와 줄기는 삶아서 화초의 진드기 구제약으로 쓴다. 지상부를 잘라 주면 다시 새잎과 줄기를 올려서 자라므로 한 해에 두 번 꽃을 볼 수 있다. 봄나물로 금낭화를 채취해도 그 자리에서 새싹이 나는 것과 같은 이치이다.

[연구 특허]

금낭화로 피부 잔주름을 개선하는 화장품을 만드는 특허도 있지만, 생물자원으로서의 연구는 많지 않으므로 추가 연구가 필요하다.

긴병꽃풀

향이 좋은 자생 허브

- 영문명 Ground ivy
- 학명 *Glechoma grandis* (A. Gray) Kuprian.
- 꿀풀과 / 여러해살이풀
- 생약명 連錢草(연전초)

재배 환경	남부 지방의 물 빠짐이 좋고 토양이 비옥한 반음지
성분 효능	피노캄펜·멘톤 등의 정유 성분 / 담즙 분비 촉진, 이뇨 작용, 항염증 작용
이용	음용차 재료, 한약재오 이용. 모기물림 치료제로 개발

〔특징〕

긴병꽃풀은 잎 모양이 엽전을 닮아 '연전초(連錢草)' 또는 '금전초(金錢草)'라고도 한다. 봄에는 위로 자라다가 나중에는 옆으로 50cm 정도 줄기를 뻗으며 군락을 이룬다. 피노캄펜(pinocamphene)·멘톤(menthone)이라는 정유(精油)가 들어 있어 허브식물로 이용할 수 있을 정도로 향기가 강하다. 정유 성분에 대한 현대 연구에서 담즙 분비 촉진 작용이 입증된 바 있다. 『한국본초도감』(안덕균)에는 급성간염으로 인한 황달을 치료하고, 방광결석을 용해시키며, 소변을 잘 못 보는 증상에도 효력이 있고, 폐결핵으로 해수가 심한 것을 다스리며, 부녀자의 대하(帶下)·풍습(風濕)으로 인한 사지 마비에도 쓰고, 종기와 습진에도 효력을 보인다고 되어 있다. 밭에서 일하다가 모기에 물렸을 때 긴병꽃풀을 으깨어 상처에 바르면 좋다고 한다.

〔개화〕

4~5월경 연한 자주색의 꽃이 핀다.

긴병꽃풀 어린순

긴병꽃풀 꽃

〔분포〕

우리나라 산지의 습한 양지에서 자란다. 중국, 일본, 러시아에 분포한다.

〔재배〕

수분을 좋아하지만 물 빠짐이 좋고 비교적 비옥한 토양에 자생한다. 땅에 많이 붙어 있기 때문에 화단의 지피식물로 심어도 좋고, 화분용으로도 적합하다. 토양은 물 빠짐을 좋게 하고 퇴비를 많이 넣어야 한다. 물 관리는 2~3일 간격으로 준다. 병충해에 강하고 번식이 잘되므로 몇 포기만 심어 두면 그 주변을 뒤덮게 된다. 키운다기보다는 자연 번식하기 때문에 별도의 관리가 필요하지 않다.

〔이용〕

잎과 줄기를 잘라서 끓여 차로 마신다. 생잎차는 향긋한 맛이 느껴지지만 오래 보관하기가 어렵고, 덖음차는 맛과 향이 다소 약해지는 반면 보관하기 쉽다.

꽃이 피었을 때 전초를 채취하여 그늘에서 말려 약으로 쓴다. 열을 내리고 통증을 없애므로 감기에 사용하며 이뇨 · 황달 · 간염에도 사용한다. 성질이 차가운 편이므로 평소 몸이 차거나 설사를 자주하는 사람은 조심해야 한다. 섭취한 뒤 입 주위 마비가 발생한 사례에 대한 임상 보고가 있으므로 식품으로서의 안전성 여부는 더 살펴 볼 필요가 있다.

〔연구 특허〕

최근 연구에 의하여 긴병꽃풀 추출물은 이뇨 작용이 뚜렷하여 혈당을 낮추고, 비만을 개선하며, 진통 및 소염 작용을 한다. 경기도 산림환경연구소와 호서대학교 이진영 교수팀이 '긴병꽃풀'의 항염 효능을 실험을 통해 검증, 천연 모기물림 치료제로 개발하는 데 성공했다는 소식이 있다.

긴병꽃풀을 이용한 특허로는 비만 치료 및 예방, 면역 증강 및 동맥경화 예방, 금전초 · 오배자 · 계피 및 정향 추출물을 함유하는 천연 방부제, 치주질환 개선제, 알레르기성 피부질환 치료제, 제초제 등이 있다.

남가새

남가새

강장 효과가 큰 천연 허브

- 영문명 Puncturevine
- 학명 *Tribulus terrestris* L.
- 남가새과 / 한해살이풀
- 생약명 *蒺藜*(질려)

재배 환경	남부 지방의 따뜻하고 습기 많은 해안 지역의 적당히 비옥한 사질토
성분 효능	DHFA · 안드로스텐다온 · 사포닌 · 알칼로이드 / 성욕구 향상, 염증 개선, 정신 안정, 이뇨 작용
이용	식재료, 비만 치료제, 성기능 개선제

〔특징〕

남가새는 따뜻한 지역의 모래밭에 자생한다. 북미 일부 지역에서는 유해 잡초로 취급받지만, DHEA와 안드로스텐다온 등의 성분이 남성 호르몬[테스토스테론]의 수치를 안전하게 증가시키므로, 성불능을 위한 치료제와 성적 욕구를 향상시키는 자극제로 유럽에서 수세기 동안 사용되어 왔다. 사포닌과 알칼로이드 성분은 혈압을 낮추고 염증을 없애며, 정신 안정·이뇨 작용을 한다.

한방에서는 뿌리와 열매를 약용한다.『동의보감』에 의하면 유뇨(遺尿)·소변빈삭(小便頻數)·간신부족(肝腎不足)·유정조설(遺精早泄)·요슬산통(腰膝酸痛)·요혈(尿血)·목혼불명(目昏不明)·백대(白帶) 등을 치료한다.

〔개화〕

7~8월경 잎겨드랑이에서 노란색의 꽃이 핀다.

〔분포〕

우리나라 남부 지방(제주도, 경상남도, 전라남도) 바닷가에서 자라고, 전 세계적으로 열대 및 온대 지역 모래땅에 자생한다. 세계적으로 유사종 21속 160종이 있지만 우리나라에는 1속 1종만 있으며 개체 수도 적어 보호와 증식 방안이 필요하다.

〔재배〕

내륙에서도 재배 가능하지만 따뜻하고 다습한 해안 지방의 적당히 비옥한 사질토에서 잘 자란다. 씨앗을 경사지에 흩뿌려서 자연스럽게 재배할 수 있는데 수분 공급을 신경 써야 한다. 밭을 만들어 재배하려면 3~4월경 씨앗을 뿌리기 전에 정지 작업을 하여 두둑을 만들고 물을 주어 땅을 촉촉하게 한 뒤 멀칭하고 30~40cm 간격으로 파종한다. 굵은 줄기를 잘라 삽목해도 잘 번식한다. 모래로 된 묘판에 씨앗을 뿌려서 모종을 키워 이식하기도 한다. 국내에도 씨앗과 모종을 파는 곳이 있다.

〔이용〕

남가새 전초(위) / 남가새 꽃(아래)

남가새 전초. 줄기와 잎에 털이 있다.

『임원경제지』에는 남가새를 구황식물로 소개한다. "『신선비요(神仙秘要)』: 남가새 열매에서 가시를 제거하고 찧어서 가루를 만들어 물과 함께 2전(錢)을 날마다 세 번 복용하면 곡식을 끊을 수 있고 장생(長生)할 수 있다. 질려자(남가새 열매)는 열 매를 거둬 볶아서 약간 노란색이 되면 찧어서 가시를 제거하고 갈아서 가루를 만 들어 소병(燒餅)을 만들거나 혹은 쪄서 먹어도 모두 좋다." 일제강점기의 구황식 물 전문서『조선의 구황식물과 식용법』에는 "남가새는 남가새과 식물로 해안의 모래땅에 나며, 열매를 볶아서 빻아 가루로 내고 구이떡을 만들거나 또는 쪄서 먹 는다. 또한 날로 무쳐 먹거나 회(膾)에 곁들여 먹는다"라고 하였다.

[연구 특허]

비만 치료 및 개선, 남성과 여성의 성기능 부전증(seual dysfunction) 치료약, 정자 수 증가와 환경호르몬 예방 효과를 갖는 생약제제, 남가새 음료 등의 특허가 있고, 「남가새 추출물이 음경 발기에 미치는 영향과 기전」이라는 석사 학위 논문도 있다.

넉줄고사리

넉줄고사리

부러진 뼈를 이어 주는 약초

재배 환경	우리나라 전역 산지 계곡 바위에 착생 또는 수경 재배. 화분에 심을 때는 산모래와 이끼를 혼합한 흙이 좋다.
성분 효능	전분 · 포도당 · 나린진(naringin) · 골쇄보 산(davallic acid) / 보신(補腎)과 활혈지혈(活血止血), 골절 치료
이용	관상용. 뿌리줄기를 말려 차로 마시거나 가루 내어 식재료로 이용한다.

- 영문명 Squirrel's-foot fern
- 학명 *Davallia mariesii* T.Moore ex Baker
- 넉줄고사리과 / 여러해살이풀
- 생약명 骨碎補(골쇄보), 槲蕨(곡궐)

〔특징〕

넉줄고사리는 우리나라 전역의 산기슭 반음지 등 공중 습도가 높은 곳의 바위 표면이나 나무에 붙어 자란다. 갈색의 잔털이 있는 뿌리줄기는 옆으로 길게 뻗고 잎은 드문드문 달린다. 수석이나 고사목에 붙여서 관상용으로 많이 이용한다.

한방에서는 뿌리줄기를 '골쇄보(骨碎補)'라고 하며 골절을 치료하는 데 쓴다. 보신(補腎)과 활혈지혈(活血止血)의 효능이 있으므로, 각종 골상, 신장의 허약으로 인한 요통, 치통 · 이명 · 타박상 · 골다공증 등을 치료하고, 백전풍(피부에 흰 반점이 생기는 병)을 치료하는 데도 쓴다. 중국에서는 남성의 정력을 강화시키는 약초로 알려져 있는데, 신허 요통이나 이명을 치료하는 것과 같은 맥락이다. 주요 성분은 녹말 · 글루코스(glucose, 포도당) · 나린진(naringin) · 골쇄보 산[davallic acid] 등이다.

〔개화〕

꽃은 피지 않고, 잎 뒷면의 포자낭으로 번식한다.

넉줄고사리   넉줄고사리

〔분포〕

우리나라 전역, 일본, 타이완, 중국에 분포한다.

〔재배〕

이식이 쉬워 뿌리를 잘라서 착생시키는데, 뿌리 호흡을 하도록 노출시키고, 충분한 습도와 통풍이 잘 되는 환경을 만들어 준다. 바위나 죽은 나무, 항아리 등에 이끼와 같이 심어서 실내 또는 정원에서 키워도 되고, 산지 계곡의 바위에 붙여서 자연스럽게 재배해도 좋다. 적절하게 물을 뿌려 주면 잎이 싱싱하게 자란다. 화분에 심을 때는 산모래와 이끼를 혼합해서 심는다.

〔이용〕

관상용 식물로 이용한다. 거실에서 키우면 겨울에도 잎이 지지 않고 공기를 정화시킨다. 굵은 뿌리줄기를 식용, 약용하는데 갈색털을 제거(토치램프로 거슬리거나 솥에서 모래와 함께 가열하여 털이 눌면 제거한다)한 뒤 껍질을 벗기고 말려서 차를 끓여 마시고 술을 담그기도 한다. 발효액이나 분말을 만들어서 다양한 식품에 활용할 수 있다. 멸치 분말과 함께 넉줄고사리를 이용하면 골다공증에 좋은 기능성 식품이 된다는 특허도 있다.

〔연구 특허〕

최근 연구에 따르면 넉줄고사리가 골 증식 및 골 질환의 우수한 치료제가 될 뿐만 아니라 골다공증을 개선하고, 갱년기 이상지질 혈증·항천식 및 항관절염 효과·원형탈모증의 국소 치료에도 유효하다는 보고가 있다.

특허에 의하면, 넉줄고사리가 간 대사 질환·염증 및 알레르기 질환·골다공증·비만·제2형 당뇨·알츠하이머형 치매 등을 치료하는 약이 되고, 잇몸 질환용 치약이나 노화 방지 화장품으로 활용되고 있다.

노니

열대 항암 과일

- 영문명 Noni
- 학명 *Morinda citrifolia* L.
- 꼭두서니과 / 상록 활엽 관목
- 생약명 巴戟(파극)

재배 환경	온실. 화산 토양에서 잘 자라므로 제주도에서 재배. 열매 수확은 보온 시설 필요.
성분 효능	안트라퀴논·세로토닌 성분은 소화·진통·혈압 강하·항암 효과. 프로제로닌 성분은 세포 활동 강화 작용
이용	식음료 재료, 미용 재료, 건강식품 원료

〔특징〕

노니는 남태평양이 원산지로, 나무의 키는 3~12m로 다양하다. 원산지에서는 잎·꽃·열매·줄기·뿌리 등 나무 전체를 민간요법에 이용하고 있으며, 면역체계를 높여 주는 효능이 있다고 알려져 '신이 선물한 식물'이라고 부른다. 울퉁불퉁한 감자 모양의 노니 열매는 즙이 많고 식이섬유가 풍부하며, 익으면 껍질이 얇아져서 투명하게 보이며 치즈 냄새가 난다고 하여 '치즈 과일(cheese fruit)'이라고 한다. 안트라퀴논(anthraquinone)·세로토닌(serotinin) 성분이 소화를 돕고, 통증을 줄여 주며 혈압을 낮추고 암을 치료하는 효과가 있는 것으로 밝혀졌다. 프로제로닌(proxeronine) 성분은 세포 노화를 방지하며 세포 활동을 강화시킨다.

『동의보감』에서는 노니 뿌리를 '파극(巴戟)'이라 하는데, 거풍습(祛風濕)·보신양(補腎陽)·장근골(壯筋骨)의 효능이 있다고 되어 있다.

〔개화〕

여름에서 가을까지 작고 하얀 꽃이 피는데 열매가 먼저 형성되고 나서 꽃이 핀다.

〔분포〕

하와이, 피지, 뉴질랜드 등 남태평양의 해안가의 화산성 토양에 분포한다.

〔재배〕

노니는 화산 토양에서 잘 자라므로 제주도에서 재배하는 것이 좋고, 열매를 수확하려면 보온 시설이 필요하다. 충남 서천 국립생태원의 온실에서도 꽃을 피우고 열매를 맺는 것을 확인하였다.

종자를 따뜻한 물에 2~3일 담갔다가 상토에 파종한 뒤 30도 전후의 온도와 60% 전후의 습도를 유지하면 4~5주 뒤에 발아한다. 열대지방에서는 완숙한 과일의 씨앗을 채취하여 바로 파종하기도 한다. 종자 발아 뒤 3년차에 꽃이 피고 열매를 맺는다. 노니 가지를 삽목하여 발근시켜 번식시키기도 한다. 온실이 있으면 몇 그루 시험 재배를 해 볼 필요가 있다. 최근 노니 등 열대과수의 효능이 알려지면

노니 꽃과 열매   노니

서 수요가 증가하여 식품 회사들이 동남아시아의 농장 사업에 진출하고 있으므로 국내에서의 대량 재배 시에는 비용과 편익의 검토도 필요하다.

[이용]

잎 · 꽃 · 씨 · 줄기 · 뿌리를 차로 이용하거나, 추출물로 비누 · 미스트 등을 만들기도 한다. 완숙한 노니는 발효가 잘되는데, 발효액을 만들어 희석하여 음료로 이용하거나 각종 요리에 첨가할 수 있고, 발효주 · 발효 식초 · 조청 · 쿠키 등을 만들수 있다. 건과일이나 노니 주스도 만든다. 노니 분말은 각종 요리에 첨가한다.

[연구 특허]

노니 소금 · 청국장 · 노니와 구아바를 이용한 기능성 음료 · 다이어트 식품 · 남성 갱년기 장애 치료제 · 혈중 지질 개선제 · 항당뇨 발효 식품 · 치주 질환 개선제 · 피부 노화 방지 화장품 등에 이용된다는 특허가 있다.

댑싸리

댑싸리

빗자루도 만드는 약초

- 영문명 Summer Cypress
- 학명 *Kochia scoparia* (L.) Schrad. var. *scoparia*
- 명아주과 / 한해살이풀
- 생약명 地膚子(지부자)

재배 환경	우리나라 전역 집 주변 빈터나 밭. 대량 재배할 경우에는 비옥하고 건조하지 않은 토양
성분 효능	탄닌 · 플라보노이드 · 쿠마린 · 사포닌 · 지방(씨앗) / 이뇨 작용, 강장 작용, 소종 작용
이용	어린순은 나물 · 떡 · 발효차 등의 식재료로 쓰고, 씨앗은 한약재로 이용한다. 전초 추출물을 화장품 원료로 이용한다.

〔특징〕

댑싸리는 '대싸리'·'비싸리'·'공쟁이' 등으로 부르기도 하는데, 볍씨가 벼+ㅂ+씨에서 변화된 것처럼 댑싸리라는 이름도 대+ㅂ+싸리에서 유래된 것이다. 유럽 및 아시아가 원산지로서 농가 주변에 잘 자라는데 예전에는 빗자루를 매기도 하였다. 키는 1.5m까지 자라고 7~9월경 작은 꽃이 피는데 자웅이주이며, 줄기는 하나에서 시작하지만 무수히 많은 가지를 친다.

늦은 봄에 어린순을 살짝 데쳐서 나물로 하거나 국거리로 이용하는데, 부드럽고 맛은 담백하다. 자잘한 씨앗을 '지부자(地膚子)'라고 하여 한약재로 이용하는데, 이뇨 작용이 크고, 강장·소종 등의 효능이 있다. 지부자의 맛은 맵고 쓰며 성질은 차다. 댑싸리 전초에는 탄닌·플라보노이드·쿠마린·사포닌이 들어 있고, 씨앗에는 트리테르펜 배당체(사포닌)와 지방이 들어 있다.

댑싸리 어린 것(위) / 댑싸리 꽃(아래)   댑싸리

〔개화〕

7~8월경에 자잘하고 붉은 꽃이 피고 가을에 자잘한 열매가 맺힌다.

〔재배〕

밭둑이나 길가에서도 잘 자란다. 가을에 씨앗을 채취하여 저온 보관하였다가 봄철에 뿌린다. 예전에는 마당비를 만들기 위해 시골 집 주변에 씨를 뿌려 키웠다. 몇 포기만 키우면 씨앗이 퍼져서 번식하는 강인한 식물이지만, 대량 재배할 경우에는 비옥한 토양이 좋으며, 건조하게 키우면 수확이 감소된다.

〔이용〕

화단이나 화분에 올려서 키우기도 한다. 늦가을에 뭉쳐서 빗자루를 만든다. 어린 잎이나 순은 데쳐서 참기름으로 무쳐서 나물로 하고, 된장국을 끓이기도 한다. 맛이 부드럽기 때문에 물에 우려낼 필요가 없다. 밥을 지을 때 넣기도 한다. 쌀가루에 묻혀서 떡버무리를 만들어 먹는데, 강원도에는 '맵싸리떡'이라는 향토 음식이 있다. 씨앗을 물에 불려서 식용하는데 톡톡 터지는 맛 때문에 일본에서는 '재패니즈 캐비어(japanese caviar)'라고 부르며 별미로 취급한다.

어린순이나 잎으로 발효액을 만들거나 녹즙을 만들어 마실 수도 있고, 분말을 만들어서 수제 미용 비누에 첨가하기도 한다. 댑싸리 잎으로 차를 만들어 마시고 피부질환에는 바르거나 목욕제로 이용한다. 댑싸리는 성질이 찬 편이므로 몸이 차거나 설사를 자주 하는 사람은 주의하는 것이 좋다.

〔연구 특허〕

최근 연구를 통하여 항균 · 항염 · 항알레르기, 혈당 강하 작용이 있는 것으로 밝혀졌다. 댑싸리를 이용하여 암 예방 및 치료약, 아토피 피부염이나 여드름 치료제, 구강질환 예방약 등을 만들고, 노화 방지 및 주름 개선을 위한 화장품이나 마스크 팩 등의 특허가 출원되었다.

댕댕이나무

간 기능을 좋게 하는
허니베리

- 영문명 Edible deepblue honeysuckle
- 학명 *Lonicera caerulea* var. *edulis* Turcz. ex Herder
- 인동과 / 낙엽활엽관목
- 생약명 藍錠果(남정과)

재배 환경	북부 지방의 고랭지 밭 주변. 직사광선이 들지 않고 토양의 습도가 충분한 곳
성분 효능	비타민 · 미네랄 · 베타인 · 카테킨 · 안토시아닌 / 피부 미용, 체지방 감소, 동맥경화, 고혈압, 성인병 예방 효과
이용	식재료, 간경화 보조 치료제

〔**특징**〕

댕댕이나무는 해발고도 700~2,300m에서 자라는 고산 식물로, 백두산 습지에 많고, 강원도 높은 산 능선 주변 척박한 곳에서도 자란다. 키는 1.5m이고 속이 충실하며 작은 가지에 털이 많다. 유사종으로 잎이 긴 타원형인 넓은잎댕댕이(*Lonicera caerulea* var. *longibracteata* f. ovata Hara), 털이 적고 넓은 잎 뒷면에 흰색이 돌고 그물맥이 두드러진 둥근잎댕댕이(var. *venulosa*)가 있는데, 통칭하여 '개들쭉'이라고 한다.

댕댕이나무는 비타민 · 미네랄 · 베타인 · 카테킨 · 안토시아닌 등 항산화 물질이 많아 피부 미용 · 체지방 감소 · 동맥경화 · 고혈압 · 성인병 예방 효과가 있는 것으로 알려져 있다. 한국산업기술대학교 천연의학연구소와 한국생명공학연구원 연구 결과에 의하면, 댕댕이나무 열매 추출물에는 '간 기능 활성화 및 세포 재생에 탁월한 물질이 함유'되어 간염 및 간경화 보조 치료제로 사용할 수 있다고 한다.

〔**개화**〕

5~6월경 하얀 꽃이 피고, 열매는 7~8월경 검푸른색으로 익는다.

〔**분포**〕

강원도 북부 백두대간, 평안도, 함경도, 중국, 일본, 극동러시아에 자생한다.

〔**재배**〕

댕댕이나무는 내한성이 강하므로 고랭지 밭 주변에 심는 것이 좋다. 병충해에 강하고 토양 적응력이 뛰어나지만, 직사광선을 피하고, 토양 습도가 충분해야 한다. 종자 번식이나 삽목 증식도 비교적 잘되지만 성장세가 늦은 편이므로 묘목을 심는 것이 편리하다. 화분에 심어 키울 때는 수형을 다듬어 주면 좋다. 개들쭉류 열매에는 조금씩 쓴맛이 있지만 쓴맛이 덜한 개량종 댕댕이나무는 '허니베리'라고 한다.

〔**이용**〕

열매는 발효액을 만들어 음료나 각종 요리에 쓰고, 발효주나 발효 식초를 만든

댕댕이나무 잎(위) / 열매(아래)　　　백두산 일대에 자생하는 댕댕이나무

다. 분말을 내어 요리에 첨가해도 좋다.

〔연구 특허〕

「댕댕이나무 열매 추출물을 포함하는 갑상선 질환의 예방 또는 치료용 약학적 조성물」, 「간 질환 예방 및 치료 효과를 가지는 약제학적 조성물」, 「오심 및 구토 치료 효과 증진용 조성물」, 「허혈성 뇌혈관 질환의 예방 또는 개선용 약학적 조성물 또는 건강식품」, 「폐암 치료용 조성물, 간기능 개선 및 항산화 활성이 증진된 새싹 보리 혼합 음료의 제조 방법」, 「댕댕이나무의 식물체 배양 방법」 등의 특허가 있다. 히니 베리 추출물이 여성 폐경기 증후군 치료 또는 예빙용 조성물이나 골다공증 치료약이 된다는 내용의 특허도 있다. 「급성 알코올 중독에서 헛개나무 추출물을 포함한 식품 조성물의 보호 효과」라는 논문에서는 헛개나무와 댕댕이나무 열매의 혼합 추출물이 헛개나무 열매 추출물 단독 사용에 비해서 더 높은 간 보호 활성을 나타내었다고 한다.

산더덕

더덕

산에서 나는 고기
풀에서 나는 우유

- 영문명 Deodeok
- 학명 *Codonopsis lanceolata* (Siebold &Zucc.) Benth. & Hook.f. ex Trautv.*Codonopsis lanceolata* (Siebold &Zucc.) Benth. & Hook.f. ex Trautv.
- 초롱꽃과 / 여러해살이 덩굴식물
- 생약명 羊乳根(양유근)

재배환경	우리나라 전역의 토양이 비옥하고 수분이 보존되는 반음지. 부엽토가 많고 풀이 적게 나는 북동향의 산
성분효능	사포닌·이눌린·리놀렌산·칼슘·인·철분 등 / 항피로 효과, 기억장애 개선 등
이용	나물·구이·술 등의 식재료, 화장품 원료, 한약재, 양방 치료제 원료

더덕은 우리나라 전역의 산지에서 자라며, 농작물로 재배도 많이 한다. 어린순은 향기가 좋아 나물로 이용하고, 가을이나 이른 봄에 뿌리를 캐서 식용 또는 약용한다. 자생 환경에 따라 맛·향·모양의 차이가 있는데, 높은 산에서 자랄수록 약성이 농축되어 향이 진하다. 또 추위에 견디기 위해 동토층 아래로 뿌리를 깊게 내리므로 길어진다. 반면 섬 지역이나 따뜻한 곳의 더덕은 뿌리가 뭉툭하고 맛은 순하다. 줄기나 뿌리에 상처를 내면 하얀 유액이 나와 생약명을 '양유근(羊乳根)'이라고 한다.

더덕의 사포닌과 이눌린 등의 성분은 비위 계통과 폐·신장을 보호하는 효과가 있고, 강장·거담·해열·건위 등의 효능이 뛰어나며, 필수지방인 리놀렌산, 칼슘·인·철분 등의 무기질이 풍부하여 뼈와 혈액을 건강하게 유지시켜 준다. 동물 실험에서 항피로 효과·적혈구 증가·기억장애 개선 등의 효과가 확인되었다.

〔개화〕

8~9월에 종 모양의 자주색 꽃이 피고, 열매는 9~10월에 익는다.

〔분포〕

우리나라 전 지역, 중국, 일본에 분포한다.

〔재배〕

토양이 비옥하고 수분이 보존되는 반음지에서 잘 자란다. 껍질이 붉은색이나 청색인 경우는 과습해서 뿌리가 상하지 않게 하는 식물의 방어 체계가 작동한 것이다. 크고 오래된 더덕이나 지치, 잔대 등에는 속에 물이 치는 경우도 있다. 신삼과 자생지가 비슷한데 심마니들은 더덕이 발견되면 그 위쪽을 주의 깊게 살핀다.

더덕은 햇볕이 강한 곳은 생육이 나빠지므로 북동향의 부엽토가 많고 풀이 적게 나는 산에 직파해서 키울 수 있다. 가을에 씨앗을 채취하여 바로 흩뿌려 준다. 경상북도 농업기술원의 실험에 의하면 고도가 높은 곳에서 재배할수록 향이

더덕 꽃(위) / 더덕 뿌리(아래)   소경불알 꽃(위) / 소경불알 뿌리(아래)

더덕 새순

더덕 술

강해지고, 항산화 및 면역력을 강화시키는 정유 함량이 높다. 자생하는 산더덕에는 유기 게르마늄 성분이 풍부하여 약효가 좋은데, 강원도 횡성군에서는 유기 게르마늄 더덕을 재배하는 방법에 관한 특허를 출원한 바 있다.

모판이나 밭에서 키울 경우, 씨앗을 봄까지 보관하였다가 2~5℃에서 일주일 정도 저온 처리하여 파종한다. 복토를 해 주며 짚으로 덮어 주고 수분 관리를 한다. 버팀대와 망을 설치하고, 수확 직전에는 영양분이 뿌리에 남게 더덕 순을 잘라 준다. 더덕과 가장 비슷한 식물은 소경불알이다. 소경불알은 꽃과 줄기는 더덕과 흡사하지만 뿌리는 작고 둥근 모양이고 잔뿌리가 많다. 소경불알은 오소리당삼(烏蘇里黨參)이라고 하는데 인삼과 유사하게 보비(補脾)·익기(益氣)·생진지갈(生津止渴)의 효능이 있지만 현대적인 연구는 많지 않다. 더덕과 같은 환경에서 잘 자라므로 함께 재배할 수 있다.

〔이용〕

더덕은 섬유질이 많고 특유한 향이 있고, 씹히는 맛이 좋아 다양한 음식 재료로 활용된다. 어린순과 잎은 생채로 샐러드나 쌈으로 먹고, 데쳐서 나물로 먹는다. 뿌리는 소금물에 담가 쓴맛을 제거한 뒤 구이·자반·장아찌·산적·정과·더덕주 등 다양한 방법으로 요리한다. 더덕 꽃으로 꽃차를 만들거나 샐러드를 만든다. 더덕의 사포닌은 껍질에 더 많이 함유되어 있으므로 잘 손질하여 차를 끓여 마시거나 분말을 만들어 각종 요리에 첨가하면 좋다. 더덕의 잎과 줄기, 뿌리를 이용하여 발효액을 만들어 기능성 음료를 만들거나 더덕 발효주·더덕 식초도 만들 수 있다.

〔연구 특허〕

최근 특허에 의하면, 더덕으로 막국수나 냉면·물김치·닭강정·소청·된장·더덕쌀·더덕잎차 등 각종 식품을 만들고, 치매 예방 및 치료·항암 또는 면역증진·알코올성 간 질환 및 알코올성 고지혈증 개선·비만억제 및 스태미너 증강·조혈모세포 증식·당뇨 또는 당뇨합병증 치료약도 만든다. 발모제 및 보습 화장품을 제조할 때도 더덕을 이용한다.

도라지

우리 민족이 즐겨 먹는 산나물

- 영문명 Balloon-flower
- 학명 *Platycodon grandiflorum* (Jacq.) A.DC.
- 초롱꽃과 / 여러해살이풀
- 생약명 桔梗(길경)

재배 환경	우리나라 전역 햇빛이 잘 드는 사질 양토. 햇빛이 잘 드는 야산 상단부
성분 효능	사포닌 · 피토스테롤 · 플라티코디제 닌 · 폴리갈라식산 / 진해 · 거담 작 용
이용	나물 · 정과 등의 식재료, 건강식품 원료, 양방 치료제 원료

[특징]

도라지는 우리나라 전국의 산지에 자생하며, 농가에서도 널리 재배하고 있다. 어린순은 나물로 먹고, 뿌리를 말려 '길경(桔梗)'이라는 한약재로 이용하는데, 약 기운을 상승시키는 작용을 한다.

뿌리에 진해·거담 작용이 있으므로 폐 질환에 쓰는데, 오행의 원리상 흰색은 폐를 보하므로 흰 꽃이 피는 도라지를 약으로 골라 쓴다.

뿌리에는 단백질·섬유질·당분·회분·철분 등의 영양성분과 사포닌·피토스테롤·플라티코디제닌·폴리갈라식산 등의 약리 성분이 있고, 꽃에는 플라티코닌이 함유되어 있다. 특히 약리 작용을 하는 사포닌은 뿌리의 껍질 부위에 많으므로 약으로 쓸 때는 껍질을 벗기지 않는다.

[개화]

7~9월경 청자주색 종 모양의 꽃이 여러 개 피는데 흰 꽃이 피는 종이 있다.

[분포]

우리나라의 전역, 중국, 일본에 분포한다.

[재배]

자생환경을 살펴보면, 척박한 바위 틈새에서 수십 년 묵은 도라지가 발견된다. 비옥하고 습기가 많으면 4~5년을 견디지 못한다. 또 지상부 생육만 양호하고 가지나 잔뿌리가 많아져 상품성을 저하시킨다. 토질은 가리지 않는 편이나 햇빛이 잘 드는 사질양토에서 잘 자란다. 도라지는 파종해서 번식시키는데, 1~2년차 도라지의 씨앗보다는 오래된 도라지에서 채취한 씨앗으로 재배한 것의 생육 상태가 좋다. 산에서 재배할 경우 가을에 씨앗을 야산의 햇빛이 잘 드는 상단부에 흩뿌린다. 밭에서 재배할 때는 봄에는 3~4월, 가을에는 10~11월에 파종한다. 묘판에서 1년 정도 키워서 본밭에 이식하기도 한다.

도라지는 이식을 잘 해주면 오래된 도라지를 재배할 수 있다. 20년 이상 오래된

도라지 꽃(위) / 백도라지 꽃(아래)

재배하는 도라지 밭

도라지 어린순

도라지

도라지를 키우기 위해서는 일정 시기 재배한 뒤 옮겨심기를 반복해 주며, 비료 대신 발효시킨 한약재 찌꺼기를 퇴비로 이용하기도 한다. 뿌리를 키우기 위해 줄기를 잘라 준다. 대량 재배할 경우에는 농업 전문가의 도움이나 관련 서적을 참고하는 것이 좋다.

〔이용〕
도라지는 오래 전부터 산나물로 이용하여 왔다. 도라지 어린순은 데쳐서 찬물에 우려내어 나물로 먹는다. 도라지 어린순으로 피클이나 장아찌를 담아도 좋다. 뿌리는 다듬어서 데쳐 찬물에 담가 쓴맛을 우려 낸 뒤, 양념장에 무쳐 먹는다. 각종 찜이나 삼계탕 등에도 넣는다. 도라지로 튀김도 하며, 술을 담가 먹는다. 도라지와 쇠고기를 꼬치에 꿰어 도라지 산적을 만들고, 장아찌를 만들어도 좋다. 도라지즙을 내거나 차를 만들고, 정과도 만들며, 분말을 만들어 환이나 조청·고추장·된장에 넣어도 좋다. 물에 타 먹거나 그냥 먹기도 한다.

〔연구 특허〕
도라지의 항비만 효과·콜레스테롤 저하·항산화 활성 등은 최근 연구에 의하여 규명되었으며, 당뇨나 고지혈증 예방·카드뮴 중독 치료·혈관신생 억제 및 암 치료제·퇴행성 뇌질환 또는 기억력 증진·골다공증 및 류머티즘 관절염 치료·알코올성 간질환이나 C형 간염 치료약에 도라지를 이용한다는 특허가 있다.

독활

독활

바람이 불지 않아도
혼자 움직인다

- 영문명 Manchurian angelica
- 학명 *Aralia cordata* var. *continentalis* (Kitag.)
  Y.C.Chu
- 두릅나무과 / 여러해살이풀
- 생약명 獨活(독활)

재배 환경	우리나라 전역 햇빛이 잘 들고 수분이 풍부하며 비옥한 토양
성분 효능	단백질 · 탄수화물 · 섬유질 · 비타민 · 무기질 · 아스파라긴산 · 사포닌 · 쿠마린 / 발한 · 거풍 · 진통 작용
이용	산나물 등의 고급 식재료, 음용차 재료, 한약재, 친환경 농약

〔특징〕

흔히 '땅두릅'이라고도 불리는 독활은 두릅나무과의 여러해살이풀이다. '바람이 불지 않아도 혼자 움직인다'고 하여 '독활(獨活)'이라고 한다. 잎과 줄기에 털이 있고, 나무처럼 가지를 내며 키는 1~2m 높이로 자란다. 꽃에는 꿀이 많아 밀원식물로 이용된다. 어린순은 두릅과 비슷하지만 땅바닥에서 채취하므로 '땅두릅', '땃두릅'이라 한다. 땃두릅나무라는 종은 따로 있다.

어린순은 맛과 향이 좋아 나물로 먹는데, 쌉쌀하고 깔끔하며 식감이 좋다. 뿌리는 발한·거풍·진통의 효능이 있어서 한방에서 근육통·하반신 마비·중풍으로 인한 반신불수 등에 쓴다. 독활에는 단백질, 탄수화물, 섬유질, 철·칼슘·회분 등의 무기질, 비타민, 아스파라긴산, 사포닌, 쿠마린 등이 함유되어 있다.

〔개화〕

7~9월경 하얀 꽃이 피고, 열매는 9~10월경 검게 익는다.

〔분포〕

우리나라 전역의 산기슭, 중국, 러시아 동북부지역에 분포한다.

〔재배〕

독활은 번식력이 좋아서 음지, 양지를 가리지 않고 잘 자라며, 자연 번식해서 군락을 이루는 경향이 있다. 줄기를 여러 개 올리고 뿌리 길이가 2m가 넘는 대형 독활도 발견된 적이 있다. 독활은 배수가 잘되는 토양이면 어디서도 재배할 수 있으며 산기슭이나 밭둑에 심어도 좋다. 품질과 수량을 높이기 위해서는 충분한 햇빛과 비옥한 토양이 필요하고 수분 공급도 원활해야 한다. 밭에서 재배할 경우 적설히 관수를 해 주고, 가을에 퇴비나 계분 등으로 시비한다. 가을에 채집한 종자를 모판에서 길러 봄에 이식한다.

종자 번식은 수확까지 많은 시간이 걸린다. 줄기를 잘라서 삽목하여 뿌리가 내리면 이식하거나 포기나누기로 번식시킨다. 수확을 많게 하기 위해서 꽃대가 올

독활 어린순

독활 잎줄기(위) / 독활 부각(아래)

독활 꽃(위) / 독활 열매(위)

독활 마른 열매(위) / 독활 뿌리(아래)

라오면 제거한다.

[이용]

어린순은 데쳐서 초고추장에 찍어 먹거나 튀김·국거리 등으로 이용한다. 두릅나무(참두릅)·독활(땅두릅)·음나무(개두릅)의 새순은 모두 봄철에 입맛을 살리고 건강에 도움이 되는 훌륭한 산나물로서 그 이용 방법은 거의 같다. 덜 익은 독활 열매나 꽃대로 장아찌를 담기도 한다. 줄기와 잎으로 생즙 또는 차를 끓여 마신다.

민간에서는 치통에 뿌리 달인 물로 양치를 했고, 구완와사(안면마비)에는 술을 담가 먹었다. 『동의보감』에 의하면, 산후풍 치료에 독활과 백선피 같은 양으로 술을 담아서 복용한다고 한다.

[연구 특허]

최근 특허에 의하면, 췌장암이·기관지천식·알레르기성 비염·피부염·뇌혈관 질환·동맥경화·간 손상·관절염·치주 질환의 치료약을 만드는 데 독활 추출물을 이용한다. 또 독활 추출물은 친환경 농약으로서 벼 도열병이나 고추 역병의 방제에 이용된다는 특허도 있는데, 용도가 별로 없는 독활의 줄기나 잎도 이용될 수 있겠다.

돌배나무

돌배나무

산에서 나는 야생 배

- 영문명 Sand pear
- 학명 *Pyrus pyrifolia* (Burm.f.) Nakai
- 장미과 / 낙엽 활엽 소교목
- 생약명 山梨(산리)

재배 환경	우리나라 전역 물 빠짐이 좋고 햇볕을 충분히 받을 수 있는 사질양토, 물이 흐르는 계곡 주변
성분 효능	알부틴·탄닌(잎), 과산·구연산·과당·포도당·자당(열매) / 기침·해열 개선 작용
이용	꽃차, 과일술, 연육제, 화장품 소재

〔특징〕

돌배나무는 유사종으로 산돌배(*Pyrus ussuriensis* Maxim.)가 있다. 돌배나무는 중부 이남 지역에서 많이 자생하고, 산돌배는 중부 이북 지역에 많다. 열매의 크기는 비슷하지만 돌배나무 열매는 과일의 배꼽이 들어가 있는 반면, 산돌배는 돌출되어 있는 등 조금의 차이는 있다. 자연 상태에서는 번식 능력이 강하지 않기 때문에 군락을 이루지 못한다.

돌배나무는 열매와 잎·가지·뿌리 등 전체를 약용할 수 있으며, 기침·해열·폐암 등과 더불어 폐의 염증을 없애고 폐를 건강하게 해 주는 효능이 있다. 전라도 지방에서는 기침이 심할 때 배 속을 비우고 꿀을 넣어 달여 먹었다.

돌배나무 과실에는 사과산·구연산·과당·포도당·자당 등이 들어 있고, 잎에는 알부틴(arbutin)과 탄닌(tannin)이 들어 있다. 알부틴은 피부 미백 작용을 한다.

〔개화〕

4~5월경 흰색의 꽃이 피고, 열매는 9~10월경에 익는다.

〔분포〕

우리나라의 강원도 이남 지역, 러시아, 중국, 일본에 분포한다.

〔재배〕

실생 및 삽목으로도 번식하며, 종자 번식이 잘된다. 낙과한 종자는 발아하지 않으므로 완숙되기 전 나무에서 채취한 것이 좋다. 종자는 노천 매장하였다가 봄에 파종하는데 발아율이 높다. 어린 묘는 해가림을 해 주고 충분한 습도를 유지해 준다. 3~4월에 가지나 뿌리를 삽목히여 묘목을 키우기도 한다. 재배지는 물 빠짐이 좋고 햇볕을 충분히 받을 수 있는 사질양토가 좋다. 물이 흐르는 계곡 주변에 심어서 자연스럽게 키워도 좋다.

농부들은 가을에 과수나무에 비료를 주는데, 이를 '감사시비'라고 한다. 열매의 결실을 위해 양분과 에너지가 소진되어 수세가 약해졌기 때문이다. 자연 재배하

돌배나무 새순(위) / 돌배나무 꽃(아래)　　　돌배나무 열매

돌배　　　　　　　　　　　　　돌배 술

는 돌배나무도 유박이나 계분을 주면 열매가 더욱 풍성하게 달린다.

〔이용〕

배 종류는 단백질 분해 효소가 풍부하여 연육 효과가 있어서 소화를 돕고, 혈중 콜레스테롤을 떨어뜨리는 효과가 있으므로 육류 요리할 때 넣으면 좋다. 생과실로 먹거나 과피와 핵을 제거하고 즙을 내어 마시거나 술을 담아 마신다. 열매를 썰어 말려서 차를 끓여 마신다. 발효액을 만들어서 음료 대용으로 마시거나 발효주·발효 식초를 만든다. 돌배나무 꽃으로 꽃차를 만든다. 성질은 차므로 몸이 찬 사람이나 설사를 자주하는 사람은 조심하는 것이 좋다.

〔연구 특허〕

돌배 와인·산돌배 발효주 등의 특허가 있고, 최근 연구로 「산돌배나무 잎 추출물의 항산화활성에 관한 연구」는 산돌배나무 잎 추출물이 항산화 효과와 항염증 효과가 있으므로 기능성 화장품 소재로써 이용 가능성이 있다는 내용이다. 「산돌배나무(Pyrus ussuriensis) 잎 분획물의 항암 및 항균 활성에 관한 연구」는 잎 추출물이 항암 및 항균 효과를 가진 천연 소재임을 확인한 것이다. 돌배나무(산돌배)에 대한 새로운 약리 활성의 재조명과 신물질 개발에 대한 다양한 연구가 진행되고 있다.

동백나무겨우살이

동백나무겨우살이

동백나무의 기생식물

- 영문명 Oriental korthal mistletoe
- 학명 *Korthalsella japonica* (Thunb.) Engl.
- 겨우살이과 / 상록 기생 소관목
- 생약명 柏寄生(백기생)

재배 환경	남해안 섬 지역의 천연 동백림
성분 효능	플라보노이드 글리코시드 / 항염증 작용, 고혈압 · 동맥경화 · 신장염 · 당 뇨 · 암 치료
이용	차, 술, 식재료

[특징]

동백나무겨우살이는 제주도나 우리나라 남부 지방의 동백나무 · 광나무 · 감탕나무 등 난대림의 키작은 나무에 기생하는 식물이다. 가을에 익은 열매를 새들이 먹고 다른 나뭇가지에 부리를 문질러 끈적한 씨앗을 떼어내거나 배설물의 소화되지 않은 씨앗이 그 나무에 착생하여 뿌리를 내리고 번식한다. 일부 광합성도 하지만 숙주나무에 기생하면서 수분과 양분을 공급 받고 결국 나뭇가지의 끝부분부터 말라 죽이게 되며, 동백겨우살이 자신도 노랗게 말라 죽는다.

일부 지역에서는 정원수에 동백나무겨우살이가 기생하면 나무를 죽이거나 관상 가치를 낮춘다고 하여 제거하지만, 동백나무겨우살이가 동백나무보다 더 가치가 있는 식물이다. 5~30cm 정도의 녹색 줄기와 퇴화된 잎을 가지는데 측백이나 편백나무처럼 생겼다. 줄기와 열매를 고혈압 · 동맥경화 · 신장염 · 당뇨 · 암 등에 약으로 쓴다.

[개화]

4~8월경

[분포]

우리나라 남부 지방(제주도, 경상남도, 전라남도), 일본이나 중국의 남부 해안 지방, 대만, 말레이시아, 인도, 호주 등지에 분포한다.

[재배]

가을에 익은 열매를 상록활엽수의 껍질에 문질러서 붙여 놓으면 발아하여 뿌리를 내린다. 따뜻한 곳을 좋아하는 식물로, 중부 이북이나 내륙 지방에는 자라지 못하므로 남해안 섬 지역의 천연동백림에서 재배해 볼 수 있는 식물이다.

[이용]

차를 끓여 마시거나 술을 담거나 백숙 재료로 이용한다. 말려서 분말을 만들어 국

동백나무겨우살이

동백나무겨우살이   동백나무겨우살이

수나 빵 등의 음식 재료로 이용할 수 있다.

〔연구 특허〕

화학 성분 및 생물학적 활성은 다른 겨우살이(미슬토) 종에 비해 상대적으로 연구된 사례가 많지 않지만 생약 분야의 연구 대상으로서 기대되는 식물이다. DPPH 라디컬 소거능·철이온 킬레이팅과 환원력 시험을 통해 동백나무겨우살이의 항산화 활성을 조사한 결과, 메탄올과 에탄올 추출물이 열수 추출물보다 뛰어난 항산화 효능을 보였다는 내용이 있는 바, 이를 미루어 볼 때 담금주로 이용하는 것이 차보다는 낫다고 여겨진다. 동백나무겨우살이는 항염증제 치료제로 개발 가능성이 높다는 연구가 있고, 막걸리의 항산화 및 췌장 리파아제(pancreatic lipase) 저해 활성을 향상시키는 물질이 있다는 논문도 있다.

두릅나무 새순

두릅나무

봄나물의 제왕

● 영문명 Japanese Angelica
● 학명 *Aralia elata* (Miq.) Seem.
● 두릅나무과 / 낙엽 활엽 관목
● 생약명 蔥木皮(총목피)

재배 환경	우리나라 전역 토심이 깊고 습기가 보존되는 북동쪽 물 빠짐이 좋은 경사진 산자락이나 밭
성분 효능	단백질 · 지방 · 당질 · 섬유질 · 인 · 칼슘 · 비타민 · 사포닌 / 혈중 지질 개선, 위장 질환 개선
이용	나물 등의 고급 식재료, 술, 탈모 방지약 원료, 화장품 원료

〔특징〕

두릅나무는 우리나라 전역의 양지바른 산기슭에 자생하며, 키는 3~4m까지 자라고 줄기에 단단하고 날카로운 가시가 있다. 어린순은 나물로 이용하고, 뿌리와 열매는 소화불량 · 해수 · 당뇨병 · 위장 질환 등에 약으로 이용한다.

어린순에는 단백질 · 지방 · 당질 · 섬유질 · 인 · 칼슘 · 비타민 · 사포닌 등이 들어 있어 혈당을 낮추고, 혈중 지질을 개선하는 작용도 한다. 백내장을 예방하는 효과가 있다는 특허도 있다. 두릅 종류에는 참두릅 · 땅두릅 · 개두릅이 있는데 나무두릅이 참두릅이고, 독활이 땅두릅이며, 음나무가 개두릅이다. '땃두릅나무'라는 고산성 식물종도 있다.

〔개화〕

7-8월에 흰 꽃이 피고, 열매는 10월경 검게 익는다.

〔분포〕

우리나라 전국의 야산, 중국, 일본, 러시아 동북부 등지에 분포한다.

〔재배〕

물 빠짐이 좋아야 하므로 경사진 산자락이나 밭둑에 심는다. 주변에 나무가 자라서 그늘을 만들면 생육 상태가 불량해지므로 제거해 준다. 가을에 채취한 씨앗을 파종하기도 하지만 발아율이 낮다. 주로 뿌리나 줄기를 3~4월경 삽목하여 번식시킨다. 묘목을 구하여 재배지에 심는 것이 여러 모로 편리하다.

어려서부터 키가 커지지 않도록 수형 관리를 해 준다. 비닐하우스에 가지를 꺾꽂이하여 심어 두면 한겨울에도 두릅 순을 맛볼 수 있다. 두릅 새순은 두 번까지 채취할 수 있지만, 그 이후에는 억세고 쓴맛이 생기므로 순을 따지 말고 잎을 키워서 나무가 튼튼하게 자라도록 한다.

두릅나무 새순(위) / 두릅나무 어린순(아래)　　두릅

열매가 익어 가는 두릅나무

[이용]

살진 두릅을 데쳐서 고추장 양념장과 곁들여 먹으면 두릅초회가 되는데 겨울철에 잃었던 미각을 살려 준다. 일반적으로 데쳐서 찬물에 헹구어 먹는데 그렇게 하면 향이 감소된다. 살짝 데쳐서 물기만 제거하고 뜨거울 때 바로 먹으면 맛과 향이 더 좋다. 두릅을 잘게 잘라서 두릅냉국을 만들어 먹기도 하고, 두릅과 달래를 넣어서 두릅된장국을 만든다. 참기름과 무쳐서 나물로도 만들며, 장아찌 · 두릅전 · 부각 · 샐러드도 만들고, 소고기와 함께 두릅산적을 만들어도 좋다. 살짝 데친 뒤 고추장에 버무린 찹쌀가루를 입힌 뒤 말려서 자반을 만들면 오랫동안 먹을 수 있다.

두릅 생즙은 심신을 안정시켜 우울증을 개선하는 효과가 있다. 두릅 가지를 잘라서 술을 담기도 하고, 백숙에도 넣는다.

[연구 특허]

최근 특허에 의하면, 두릅나무 잎과 줄기를 이용하여 두릅차를 만들고, 갓 김치를 만들 때에도 넣는 등 각종 식품을 만드는 데 이용한다. 또 두릅나무 추출물이 혈압을 낮추고, 두릅나무와 황백피(황벽나무 껍질)의 복합 추출물은 항 고혈당 작용을 하며, 뇌혈관 질환도 치료한다. 지모와 두릅의 복합 추출물은 탈모 방지 및 발모에 도움이 되며, 두릅나무 추출물로 발기부전 치료약을 만들고, 백내장 치료약도 된다. 또 피부 주름 개선용 화장품의 원료가 되는 등 두릅나무의 활용 범위는 매우 넓다.

땃뚜릅나무

땃두릅나무

산삼보다 귀하다는 천삼

● 영문명 Tall oplopanax
● 학명 *Oplopanax elatus* (Nakai) Nakai
● 두릅나무과 / 낙엽 활엽 관목
● 생약명 刺人蔘(자인삼)

재배 환경	고랭지, 높은 산 음지의 급격한 경사지 바위 지형
성분 효능	게르마늄 · 사포닌 · 휘발성 정유 · 플라보노이드 · 지방산 / 항산화 효과, 암세포 증식 억제
이용	봄나물, 술, 암 치료약, 혈전 질환의 예방약, 관절염 치료약

〔특징〕

땃두릅나무는 지리산이나 강원도 높은 산에 드물게 자라는데 멸종 위기에 처한 식물로, 키가 2~3m 정도 자란다. 식물 전체에 작은 가시가 있으며, 특히 잎과 어린 줄기에 작은 가시가 밀생한다. 미국 및 캐나다에서 자생하는 Oplopanax horridus, 일본의 O. japonicus, 한국, 중국 및 러시아 지역에서 자생하는 O. elatus의 3종으로 나뉜다.

땃두릅나무는 뿌리와 줄기에 사포닌이 많고, 휘발성 정유·플라보노이드·지방산 등의 성분을 함유하고 있다. 산삼에 버금가는 약리적인 효과를 가지고 있다고 하여 뿌리를 '자인삼(刺人蔘)'이라고 하며, 약초꾼들은 '천삼(天蔘)'이라고 하며 산삼처럼 귀하게 취급한다.

북미 지역에도 땃두릅나무가 자생하는데 인디언들도 민간 약초로 이용하였다고 하며, 최근 연구에 의해서 뿌리의 에탄올 추출물이 탁월한 항산화 효과가 있고, 유방암 및 림프암 세포주의 암세포 증식을 억제하는 것으로 밝혀졌다. 특히 게르마늄 함량이 높아서 땃두릅나무에서 유기 게르마늄을 추출할 수 있다.

참고로, 두릅나무는 하나의 잎줄기에 작은 잎들이 여러 개 나는 반면, 땃두릅나무는 손바닥 형상의 넓은 잎인 점에서 차이가 있다. 이른 봄 새순을 나물로 먹는 독활(獨活)은 '땅두릅'이라고 불려 이름이 유사하지만 여러해살이풀이다.

〔개화〕

7~8월경 연녹색의 꽃이 피고, 열매는 8~9월경 빨갛게 익는다.

〔분포〕

우리나라 고산 지대(강원도 인제, 태백, 경상남도 지리산), 중국 동북 3성, 우수리 상유역, 일본, 캐나다, 미국 등지에 자생한다.

〔재배〕

땃두릅나무는 높은 산 음지성 식물이므로 저지대보다는 고랭지에서 키우는 것이

땃두릅나무 줄기

땃두릅나무 잎

땃두릅나무 줄기

땃두릅나무 술

좋다. 자생지의 땃두릅나무는 만병초 · 분비나무 · 산겨릅나무 등과 함께 높은 산 음지의 급격한 경사지 바위 지형에서 자생한다. 뿌리는 깊게 내리지 않고 옆으로 길게 뻗는 경향이 있고, 여러 개체로 보이지만 실제로는 한 뿌리에 연결되어 있는 경우가 많다.

땃두릅나무는 종자 결실률이 낮기 때문에 일반적으로 분주 · 휘묻이 · 꺾꽂이 등의 무성생식 방법을 사용하는데, 연한 줄기를 약 15cm 정도로 잘라서 눈[芽]의 끝이 땅 위로 나올 정도로 꺾꽂이하여 발근시키는데 마르지 않도록 알맞은 관수 가 필요하다. 이른 봄에 뿌리를 적당한 크기로 잘라서 삽목하는데 묻을 때는 너무 얕게 묻지 않는 것이 좋다. 최근에는 땃두릅나무의 뿌리의 체세포배를 조직배양 하여 묘목을 만들기도 한다.

〔이용〕

어린순을 봄나물로 먹고, 양파와 함께 튀겨 먹기도 한다. 잎은 넓고 향이 좋아서 쌈 · 묵나물 · 장아찌로 이용하며, 뿌리와 줄기는 말려서 술을 담거나 약용한다. 줄기 나 뿌리로 술을 담는다.

북미 인디언들의 중요한 민간 약초로서, 주로 뿌리껍질을 혈당 강하 · 당뇨병 · 관절염 · 위궤양이나 소화기 계통의 질병 등에 약용한다.

〔연구 특허〕

최근 특허에 의하면 땃두릅나무 추출물을 유효 성분으로 하여 암 치료약 · 혈전 질환의 예방약 · 관절염 치료약, 유기 게르마늄을 함유하는 땃두릅나무 생산 방법 등의 연구가 있다.

초가을 꽃이 핀 뚱딴지

뚱딴지

천연 인슐린

- 영문명 Canada potato
- 학명 *Helianthus tuberosus* L.
- 국화과 / 여러해살이풀
- 생약명 菊芋(국우)

재배 환경	우리나라 전역 하천변이나 밭 주변의 공한지
성분 효능	이눌린 / 장내 환경 유지, 혈당을 떨어뜨리거나 안정화
이용	나물·조림·튀김 등의 식재료, 화장품 원료, 항염제 원료

〔특징〕

뚱딴지는 북아메리카가 원산지인 귀화식물로, '돼지감자'라고도 하고, 영어 이름은 '캐나다 감자(Canada potato)'이다. 도입 시기는 개화기 전후일 것으로 추정되며, 구황작물이나 주정 및 사료용으로 도입되었으나, 환경 적응력이 강하여 전국 각지에서 야생화했다. 여름 이후 생육이 왕성하여 키는 1~3m까지 자라고 가을에는 노란 꽃이 피고, 서리를 맞으면 지상부가 말라 버리며 땅속에 울퉁불퉁하고 모양이 다양한 땅속줄기가 생긴다. 뚱딴지 뿌리는 '국우(菊芋)'라고 하는데 맛은 달고 성질은 차며, 열병(熱病)이나 질타손상(跌打損傷)을 치료하는 데 쓴다.

뚱딴지는 최근 '천연 인슐린'이라고 하는 이눌린 성분이 다량 함유되어 있어서 당뇨 환자에게 좋은 건강 기능성 식품으로 주목받고 있다. 이눌린은 위액에 의하여 잘 분해되지 않고 장까지 도달하여 장내 미생물에 의하여 발효되어 장내 환경을 쾌적하게 유지시켜 주고, 혈당을 떨어뜨리거나 안정화하는 역할을 한다.

〔개화〕

9~10월경 노란색의 꽃이 핀다.

〔분포〕

우리나라 전역의 민가 부근 들녘, 길가, 제방, 하천, 산비탈 밭 부근 등 양지쪽이면 장소를 가리지 않고 잘 자란다.

〔재배〕

뚱딴지는 재배하는 작물이라기보다는 주로 야생하는 것을 채취하여 이용하지만 최근 전문적으로 재배하는 농가도 생겼다. 하천변이나 밭 주변의 공한지에 기워도 좋은 식물이다. 번식은 땅속 덩이줄기를 심어서 키우는데 백색종과 자색종이 있다. 번식력이 강하므로 다른 작물을 키우는 논밭까지 확산되어 다른 작물에 방해가 되지 않도록 주의해야 한다. 가을철 서리가 내린 뒤 수확하는데 씻지 말고 흙이 묻은 채로 저온 보관하면 비교적 오래 가고 숙성되면서 단맛도 강해진다. 이

뚱딴지 잎줄기

뚱딴지 꽃

뚱딴지

눌린 성분은 월동 후 채취한 것에 더 많다는 연구이다.

[이용]

연한 새순과 잎은 나물로 먹고, 뿌리는 생으로도 먹는다. 겉껍질에도 유효 성분이 함유되어 있으므로 껍질을 벗기지 않고 깨끗이 씻어서 그대로 이용한다. 감자처럼 조림이나 튀김 등 다양한 요리에 응용할 수 있는데 이눌린 성분은 수용성이므로 물로 삶지 말고 기름으로 튀김을 만들면 영양분 손실을 최소화할 수 있다. 설탕이나 꿀로 발효시켜서 음료로 이용하고, 발효주나 발효 식초를 만들 수 있다. 발효 후의 건더기는 장아찌를 만든다. 잘 말려서 차로 우려서 마시는데 둥글레차 맛이 난다. 분말로 만들어 두면 오래 보관할 수 있고, 각종 과자류나 면 요리에 첨가하거나 수제 미용 비누 등에 첨가할 수도 있다.

[연구 특허]

최근 연구에 의하면, 뚱딴지 잎 추출물이 간세포 보호 효과가 있고, 뚱딴지로 당뇨병 또는 비만 예방 또는 치료약을 만들며, 피부 미백 및 멜라닌 생성 저해 작용을 하므로 화장품 원료로 이용한다. 여름 이후 버리게 되는 뚱딴지 지상부(잎줄기)에서 추출한 물질은 항염제가 된다는 특허도 있다.

마가목 열매

마가목

혈액 정화와 순환을 돕는 약재

- 영문명 Silvery mountain ash
- 학명 *Sorbus commixta* Hedl.
- 장미과 / 낙엽 활엽 소교목
- 생약명 丁公藤(정공등), 丁公皮(정공피), 馬家子(마가자)

재배 환경	북부 지방. 여름에도 시원한 강원도의 고랭지 햇볕이 잘 드는 곳
성분 효능	방향성 정유 / 고혈압 · 관절염 · 기관지염 개선, 항암
이용	나물 · 장아찌 등의 식재료, 술, 화장품 원료, 한약재

[특징]

마가목은 한라산·지리산·덕유산·강원도 등의 해발 500~1,200m의 산지와 울릉도에서 자생한다. 키는 6~8m 정도로 자라지만 높은 산의 능선에서는 2~3m의 관목으로 자란다. 마가목은 잎·열매·줄기·나무껍질 등 모두가 이용되는 약나무로서 산뜻한 향이 있다. 민간에서는 마가목, 오가피, 꾸지뽕, 엄나무, 귀룽나무를 5대 약나무라 하는데 그중에서 마가목을 가장 귀하게 여긴다.

마가목의 열매는 차나 발효주를 만들어 마시는데, 한방에서는 고혈압 및 관절염 치료 등에 사용된다. 나무껍질은 가래를 삭이고, 기침을 멈추며 혈압을 낮추고 소변이 잘 나오게 한다. 마가목 줄기 추출물은 강력한 항응고 활성과 항산화 활성을 나타내므로 항혈전 약품의 소재로 이용되고, 죽상동맥경화증의 발병을 억제한다는 연구도 있다. 마가목의 잎·열매·수피 추출물 모두 항돌연변이원성 및 암세포주에 대한 생육 억제 활성이 높으므로 항암 관련 기능성 식품 소재로의 이용 가능성이 높다.

[개화]

5~7월경 흰색의 꽃이 피고, 열매는 9~10월경 붉게 익는다.

[분포]

한라산, 지리산, 덕유산, 강원도 높은 산, 울릉도에 자생한다. 중국, 러시아, 일본에 분포한다.

[재배]

고산성 식물로서, 내음성·내한성이 강하고 병충해에도 강하나. 여름에도 시원한 강원도의 고랭지가 재배적지다. 햇볕이 잘 드는 곳에 심어야 개화 및 결실이 좋다. 토양은 보수력이 있는 사질양토가 좋다. 종자 번식이나 삽목으로 번식시키는데, 소량 재배할 경우 묘목을 구하여 심는 것이 여러 모로 편리하고 수확을 앞당길 수 있다. 생육 초기에는 수분 관리를 해 준다.

마가목 꽃

마가목 열매

마가목 단풍

마가목 술

〔이용〕

꽃과 열매, 단풍이 아름다워서 공원이나 정원의 관상용으로 심고, 분재로도 이용된다. 잎·열매·줄기·나무껍질 모두를 차로 우려서 마시는데 고운 다갈색이고, 산뜻한 향이 있다. 어린잎은 데쳐서 나물을 하거나, 장아찌를 담는데 꽃봉오리와 함께 만들면 더욱 좋다. 꽃봉오리로 꽃차를 만들기도 한다. 열매는 발효액을 만들어서 음료로 이용하거나 각종 요리에 첨가하고, 발효주나 발효 식초를 만든다. 열매나 줄기, 나무껍질 각각을 담금주로 이용하는데, 다갈색의 향긋한 술이 된다.

〔연구 특허〕

특허를 살펴보면, 마가목 열매차나 마가목엽차, 마가목 증류주의 제조 방법, 마가목조청 및 마가목엿, 콩과 우슬 및 마가목을 이용한 관절 통증 완화용 식초 음료 등의 특허가 있다.

마가목 및 현지초(이질풀) 추출물을 포함하는 파골세포 분화 억제용 또는 연골세포 분화 촉진용 조성물(골절·골다공증·치주질환·골종양·파제트씨병·골 연화증·다발성 골수종·백혈병·구루병 등의 치료 및 예방), 마가목 열매 추출물을 유효 성분으로 하는 당뇨 질환 치료, 개선용 조성물, 갈용, 갈근 및 마가목 추출물을 유효 성분으로 함유하는 숙취 해소 및 간 기능 개선제, 흡연독성 해독용 약품, 마가목 줄기나 열매 추출물을 유효 성분으로 함유하는 혈전증 예방 또는 치료용 약학적 조성물 및 건강 기능 식품, 치매 예방 또는 치료용 약학적 조성물조성물, Th2-매개 면역 질환(아토피피부염, 천식, 비염 등)의 개선 또는 치료용 조성물, 피부 노화 방지 및 피부 주름 개선용 화장품 등 다양한 특허가 있다.

마름

마름

물에서 자라는 구황식품이자
민간 약초

- 영문명 East Asian water-chestnu
- 학명 *Trapa japonica* Flerow
- 마름과 / 한해살이풀
- 생약명 菱實(능실)

재배환경	남부 지방. 물과 진흙을 채운 화분이나 얕은 연못이나 저수지. 겨울에 물이 얼지 않는 따뜻한 곳
성분효능	단백질 · 지방 · 탄수화물 · 무기질 / 해독 효과, 항암 성분
이용	묵나물, 전분 등의 식재료, 가축 사료, 화장품 원료

〔특징〕

마름은 연못이나 늪지 등 수심이 얕은 곳에 자란다. 뿌리는 진흙에 박혀 있고 가늘고 긴 줄기는 수면까지 자라나며 속이 스펀지처럼 되어 있어 물 위에 뜬다. 잎은 삼각형으로 윗부분에 불규칙한 톱니가 있다. 유사종으로 애기마름 · 매화마름 · 붕어마름 · 큰마름 · 물마름 등이 있다.

열매는 검고 딱딱하게 익으며 양끝이 뾰족하다. 맛은 밤과 유사하여 '물밤(Water Chestnut)'이라고도 한다. 열매의 주성분은 단백질 · 지방 · 탄수화물 · 무기질 등이다. 예전부터 마름은 구황식품으로 쓰였고, 민간에서 열매를 해독제와 위암 치료제로 사용했다. 한방에서는 '능실(菱實)'이라는 약재로 쓴다. 맛은 달고 성질은 서늘하여 제번지갈(除煩止渴), 청서해열(淸暑解熱)의 효능이 있어서 비허설사(脾虛泄瀉), 서열번갈(暑熱煩渴), 소갈(消渴), 음주과도(飮酒過度), 이질(痢疾)을 치료한다.

중국에서는 열매의 전분을 채취하기 위해 재배한다.

〔개화〕

7~9월에 줄기 끝에서 작은 꽃 1개가 흰색으로 피며, 한 포기에서 10여 개씩 달리는데, 9~10월경에 열매가 검고 딱딱하게 익는다.

〔분포〕

우리나라 전역, 일본 · 대만 · 만주 · 중국 · 우수리 · 유럽 등 북반구 전역의 냉온대~난온대에 널리 분포한다.

〔재배〕

마름은 적당한 부영양화가 진행된 생활 구정물 정도의 부식질이 풍부한 점토에 뿌리를 내리고 산다. 열매는 철새들의 먹이인데, 열매의 가시 부분에 달린 미세한 가시가 있어 철새의 몸에 붙어서 멀리까지 이동해서 번식한다. 물과 진흙을 채운 화분이나 얕은 연못이나 저수지에 마름 뿌리를 이식해서 번식시키면 된다. 가급적 겨울에 물이 얼지 않는 따뜻한 곳에서 재배하는 것이 좋다.

마름

마름 줄기(위) / 마름 열매(아래)

마름

〔이용〕

오염된 물을 정화하는 기능이 있으므로 연꽃 등과 함께 연못의 조경용으로 키우면 물속의 과영양분을 흡수하여 수질을 정화시킨다. 연한 잎과 줄기는 묵나물로 만들어 먹고 가축의 사료로도 이용한다. 열매는 생으로 또는 삶아서 간식으로 먹고, 쪄서 가루로 만들어 떡이나 죽, 각종 면 요리에 반죽에 섞어도 된다. 전통적으로 열매는 알코올 중독을 푸는 효과가 있다고 알려져 있다.

〔연구 특허〕

최근 연구 및 특허에 의하면 마름은 지질대사 개선 및 당뇨병에 의한 합병증을 예방하고 숙취 해소 및 항동맥경화 작용을 하며, 에이즈 치료용 의약품의 재료가 되기도 하며, 황산화 및 항균 활성이 있어서 노화 방지 화장품을 만드는 재료로 이용한다.

마카

마카

페루의 인삼

● 영문명 Maca
● 학명 *Lepidium meyenii* Walp
● 십자화과 / 한해살이 또는 여러해살이풀

재배 환경	남부 지방은 멀칭하여 노지재배, 중부 지방은 하우스 재배
성분 효능	알칼로이드 · 글루코시놀레이트 · 지방산 · 마카마이드 · 마카엔 / 운동 능력 향상, 항피로 효과, 관절염 증상 완화
이용	샐러드 · 주스 · 발효액 등의 식재료, 건강기능식품

[특징]

마카는 남미 안데스 산맥에서 주로 재배하던 채소의 일종으로, '페루의 인삼 (Peruvian Ginseng)'으로 불린다. 작은 순무 모양의 뿌리를 주로 이용하는데, 품종에 따라 보라색 · 노란색 · 크림색 등 다양하며, 겨자처럼 매운맛이 난다. 생으로 먹을 수는 있으나 인디언들은 생으로는 먹지 않고 구워서 먹었다고 한다. 말려서 저장하기도 하지만 생으로 저장할 때는 4℃ 정도의 저온에서 보관해야 영양분 손실이 덜하다.

잉카 제국을 정복한 스페인 사람들은 고지대에서 말의 임신을 증진하기 위해 말에게 마카를 먹였다고 한다. 마카는 주로 식품으로 이용하지만 다양한 기능성 때문에 오래 전부터 민간 약재로 활용되어 왔고, 최근에는 신약 소재와 건강기능식품으로의 잠재력이 높게 평가되고 있다. 마카에는 알칼로이드 · 글루코시놀레이트 · 지방산 · 마카마이드(macamide) · 마카엔(macaene) 등의 이차대사산물이 함유되어 있는데, 그중 마카마이드가 성기능 개선 효과와 밀접한 관련이 있으며, 현재까지 7종의 마카마이드가 보고된 바 있다. 최근 연구에 따르면 운동 능력 향상과 항피로 효과, 폐경 뒤 증후군 완화 및 치료 효과, 관절 류머티즘 등의 증상을 완화시키는 효능이 있으며, 우울증 개선이나 뇌 기능 손상 보호 및 향상 효과 항산화 효과 등이 확인되었다.

[분포]

우리나라 각지에서 재배하고 있지만 「나고야의정서」 등에 의한 분쟁 우려가 있으므로 대규모로 재배하기보다는 자가 소비용을 위한 시험 재배 정도가 적당하다. 중국 운남성 등지에서도 마카를 재배하고 있는데, 페루 측은 생물 해적 행위라고 주장하고 중국 기업들을 고소하기두 했다.

[재배]

마카는 종자 번식만 되는데, 남부 지방에서는 노지재배를 할 수 있다. 비닐 멀칭이 된 밭에 8~9월경 씨앗을 파종하고 수분 관리를 해 주면 1주일 뒤에는 싹을 올린

마카 씨(위) / 마카 새순(아래)

마카 수경재배

마카

다. 초겨울이 되면 비닐 피복을 하여 터널 하우스를 만들어 월동시켜 주는데 겨우내 뿌리가 튼튼히 자라며, 봄이 되면 시들었던 잎이 되살아난다. 초여름에 꽃대가 올라오기 전에 수확하고 종자용은 꽃대를 키운다. 겨울에 기온이 많이 내려가는 중북부 지방이나 산간 지방에는 노지재배보다는 가온 설비가 있는 하우스 재배가 좋고, 잎채소 수확을 위한 수경재배도 가능하다. 기능성을 높이기 위해서 게르마늄이나 셀레늄 등을 첨가한 배양액 재배도 고려해 볼 만하다.

〔이용〕

마카 잎은 샐러드를 만들어 먹는다. 뿌리는 생채로 또는 분말을 만들어서 각종 요리에 활용할 수 있고, 발효액을 만들어서 희석하여 음료로 마시거나 각종 요리에 첨가할 수 있으며, 발효주나 발효 식초도 만들 수 있다. 주스, 수프, 마카 커피도 만든다. 건조 분말, 티백, 환 또는 추출 엑기스 등 다양한 형태의 기능성 식품이 개발되고 있다.

〔연구 특허〕

특허를 살펴보면, 「마카 추출물을 포함하는 발기부전 개선용 음료」, 「프로폴리스, 마카, 당귀 혼합 발효물」, 「마카마이드 고 함유 마카 추출물」, 「발효 마카 조성물」, 「마카 및 대추야자, 영지버섯, 녹용 발효추출물을 유효 성분으로 함유하는 운동수행능력 증진 및 피로회복 증진용 복합조성물」, 「흑마늘과 흑마카 혼합 추출엑기스」, 「마카 추출액을 포함하는 음료」, 「마카 추출물을 포함하며 항산화 작용 및 기억력 증진 효과가 있는 음료」, 「마카 지하부 추출물을 유효 성분으로 함유하는 혈전증 예방 또는 치료용 약학적 조성물 및 건강 기능 식품」 등 다양한 특허가 출원되고 있다.

만삼

만삼

더덕 사촌, 까치더덕

- 영문명 Pilose bellflower
- 학명 *Codonopsis pilosula* (Franch.) Nannf.
- 초롱꽃과 / 여러해살이 덩굴식물
- 생약명 薫蔘(당삼), 蔓蔘(만삼)

재배 환경	중부 이북의 산지 반음지의 비옥한 토양
성분 효능	사포닌 · 알칼로이드 · 덱스트린 / 면역기능 개선, 강장 효과
이용	나물 · 구이 · 죽 · 고 · 분말 등의 식재료, 항암 약재, 화장품 원료

[특징]

만삼은 더덕이나 소경불알을 닮은 식물로, 덩굴성 줄기는 1~2m 정도로 자라고 뿌리는 가지를 내고 길게 뻗는다. 줄기와 뿌리에서 나는 냄새도 더덕과 비슷한데 더덕과 달리 잎과 줄기에 털이 있고 특히 잎자루가 길다.

주요 성분으로 사포닌·알칼로이드·덱스트린(전분류) 등이 들어 있는데, 사포닌 성분은 면역력을 높여 주는 기능을 하고, 전반적으로 강장 효과가 있다.

한방에서는 '당삼(蔓蔘)'이라 하여 약용한다. 예로부터 약효가 인삼과 비슷하여 열이 많은 사람들에게 인삼 대용으로 쓴다. 생진(生津)·보중익기(補中益氣)의 효능이 있으므로 몸이 허약하고 기운이 없는데, 입맛이 없고 소화가 안 될 때, 산후 회복기나 만성피로에 보약으로 쓴다.

[개화]

7~8월경 더덕과 비슷한 꽃이 피고, 9~10월경 열매가 익는다.

[분포]

우리나라의 강원도 이북, 지리산이나 덕유산 등의 깊고 높은 산, 중국, 우수리 강 등지에 분포하는데 백두산 주변에는 흔한 식물이다.

[재배]

서늘한 기후를 좋아하는 식물로, 우리나라에는 주로 강원도 높은 산에서 드물게 발견된다. 반음지와 수분이 충분한 곳에 자생하는 식물이므로 중부 이북에서 재배하는 것이 좋다. 주로 씨앗으로 번식시키는데, 산지에서는 가을에 채취하여 바로 뿌려서 겨울을 나게 한다. 일반적으로 종자 파종에 의해 번식시켜 육묘를 이식하는데, 씨앗을 봄까지 보관하였다가 3월경 2~5℃에서 일주일 정도 저온 처리하여 모판에 파종하며, 수분 관리를 적절히 해 주어야 한다. 이식하는 곳의 토양은 비옥해야 하고, 햇볕이 강한 곳은 해가림을 해 주되 가을이 되면 제거한다. 덩굴이 길게 자라면 버팀대와 망을 설치해 준다. 대량 재배할 경우, 농업 전문가의 도움이

만삼 어린순(위) / 만삼 줄기(아래)

만삼 줄기

만삼

만삼 술

나 관련 서적을 참고하는 것이 좋다.

〔이용〕

어린순을 생으로 무쳐 먹거나, 다른 나물과 같이 쌈을 싸 먹는다. 꽃봉오리도 잎처럼 생으로 샐러드를 만든다. 뿌리는 더덕처럼 구이도 하고, 술을 담그거나 찹쌀을 넣어 만삼죽을 해 먹는다. 만삼과 전복을 넣어 삼계탕을 만들어 먹으면 허약한 사람에게 좋다. 뿌리를 고아 만삼고도 만들고, 분말을 만들어서 각종 요리에 첨가한다.

〔연구 특허〕

최근 연구에 의하여 만삼은 기관지천식 · 알레르기 비염 등의 알레르기성 염증 질환 치료에 효과가 있고, 마우스 실험에 의하여 위장관 운동 기능 저해를 개선할 수 있으며, 림프성 백혈병에도 유의성이 있음이 밝혀졌다. 만삼은 지상부에 강한 항산화 활성이 있고, 만삼 뿌리는 자궁경부암 저해에도 유효한 것으로 나타났다.

당삼과 쥐눈이콩을 이용한 장어죽 중국 특허가 있으며, 하수오 · 만삼 · 산수유 · 숙지황 및 산약의 혼합 추출물은 운동 기능의 유지, 피로 해소 효과가 우수하다는 내용의 특허가 있다. 미꾸라지 · 오미자 · 황정 · 황기 등에 만삼을 보태면 성기능 장애를 치료하는 약물이 된다는 중국인의 특허가 있다. 만삼으로 피부 노화 방지 화장품이나 발모제도 만든다는 특허도 있다.

머루

머루

산속의 귀물(貴物)

- 영문명 Crimson grapevine
- 학명 *Vitis coignetiae* Pulliat ex Planch.
- 포도과 / 낙엽 활엽 덩굴
- 생약명 山葡萄(산포도)

재배 환경	중부 지방의 물 빠짐이 좋은 계곡이나 돌밭
성분 효능	폴리페놀·안토시아닌·레스베라트롤 등의 항산화 성분 / 항암·노화 예방·시력 개선 효과
이용	나물·정과·음료 등의 식재료, 화장품 원료, 항암 약재

〔특징〕

머루는 여러해살이 덩굴성 나무로, 주변의 나무를 타고 10m까지 줄기가 뻗어나간다. 우리나라 전역의 습기가 많은 산기슭이나 계곡 근처에 자생하는데, 다래와 더불어 가을 산에서 만날 수 있는 좋은 먹거리다. 먹을 수 있는 종류에는 머루 · 왕머루 · 새머루 · 까마귀머루 등이 있다.

열매는 생으로 먹거나 주스 · 잼 · 술(와인)로 가공하여 이용한다. 열매에는 안토시아신이 풍부한데, 항산화 및 항염증 작용뿐만 아니라 여러 종류의 암세포에 항암 효과를 나타낸다. 한국식품연구원의 특허에 의하면 항암 치료의 부작용을 완화시키는 데 산머루와 오미자의 혼합 추출물이 좋다고 하며, 정상 세포의 생존율을 높이고 암 세포에 대한 살상 효율을 증가시킨다고 한다. 한방에서는 머루 열매를 염증성 질환 · 암 · 혈류 개선 · 기관지염 및 천식 등에 약용한다. 뿌리나 줄기는 통증을 막거나 황달성간염을 치료하는 약재로 이용한다.

〔개화〕

5월 중순~7월경 황록색의 꽃이 피고, 열매는 9~10월경 검붉게 익는다.

〔분포〕

우리나라 전역, 중국, 일본에 분포한다.

〔재배〕

자생지를 살펴보면, 습기는 있으나 배수가 잘되는 계곡이나 돌밭 지형에서 뿌리를 내리고 있다. 내한성이 강하여 전국 어디든지 재배할 수 있다. 최근 전라북도 무주나 경상남도 함양 등지에서 많이 재배한다.

종자를 파종하면 발아가 제대로 되지 않으므로, 봄에 줄기나 뿌리를 잘라서 삽목하거나 휘묻이하여 뿌리를 내려서 번식시킨다. 계곡 주변의 산지에 키우면 수확은 줄어들지만 인체에 해가 없는 안전한 머루를 수확할 수 있다. 일반적으로 머루는 포도처럼 재배하는데, 채광과 통풍이 잘되도록 머루의 수형을 다듬어 나가

머루 꽃봉오리(위) / 풋머루(아래)

풋머루

완숙 머루

머루 설탕 절임

고 병해충 때문에 오래된 줄기는 껍질을 벗겨 준다. 전문적으로 재배할 경우, 농업 전문가의 도움이나 관련 서적을 참고하는 것이 좋다.

〔이용〕

머루덩굴은 그늘도 되고 단풍도 아름다워서 정원이나 마당의 파골라에 키운다. 어린순은 시큼한 맛이 나지만 쌈으로 먹을 수 있고, 데쳐서 나물을 무쳐 먹는다. 구황식품인 물곳(무릇과 둥글레의 뿌리와 머루 순을 넣어 곤 것)의 재료의 하나다. 머루 열매는 신맛이 있어서 보통 술이나 정과를 만들어 먹지만, 발효액을 만들어서 음료나 식품의 단맛을 낼 때 첨가하고, 발효주나 발효 식초를 만들 수 있다. 발효액과 분리한 머루 씨에는 비타민 E 함유량이 많으므로 곱게 가루 내어 수제 미용 비누를 만들 때 첨가한다.

〔연구 특허〕

최근 연구에 따르면 머루에는 생리 활성 물질인 폴리페놀(polyphenol), 안토시아닌(anthocyanin), 레스베라톨(resveratrol) 등을 다량 함유하고 있는 것으로 밝혀졌다. 폴리페놀은 껍질과 씨에 많이 함유되어 있고, 몸속의 나쁜 콜레스테롤의 산화 방지와 활성산소를 감소시킨다. 붉은 색소인 안토시아닌은 활성산소를 억제하여 암이나 뇌졸중 등 성인병을 예방하고, 항염증 작용을 한다. 레스베라톨은 발암 억제 작용뿐만 아니라 여러 암종의 세포 자살을 촉진하는 유전자를 활성화시킨다. 산머루에는 포도보다 폴리페놀은 2배, 레스베라톨은 5배나 더 많이 함유하여 암 예방 효과는 10배 정도 뛰어나다고 보고되어 있다.

　최근 특허에 의하면, 뿌리 추출물로 비만 치료약을 만들고, 씨로는 항염 물질을 만들며, 머루 추출물로 퇴행성 신경 질환의 하나인 파킨슨병을 치료하고, 머루의 안토시아닌을 이용하여 B형 간염 바이러스 유래 간암 치료약을 만드는 등 새로운 연구가 이어지고 있다.

머위

머위

치유력 뛰어난 항암 나물

● 영문명 Butterbur
● 학명 *Petasites japonicus* (Siebold &Zucc.) Maxim.
● 국화과 / 여러해살이풀
● 생약명 蜂斗菜(봉두채)

재배환경	우리나라 전역 습기 있는 산성 토양, 하천변, 반음지의 텃밭
성분효능	비타민 · 무기질 · 식이섬유 · 베타카로틴 · 페타신 / 편두통 개선, 알레르기성 비염 개선
이용	나물 · 쌈 · 볶음 · 조림 · 정과 등의 식재료. 화장품 원료, 알레르기성 질환 치료제

〔특징〕

머위는 산기슭의 습지에 무리 지어 자라고 나무 그늘에서도 잘 자란다. 유사종으로 물머위 · 개머위 · 털머위 등이 있다. 어린 잎과 잎자루를 나물로 먹는데 비타민 · 무기질 · 식이섬유가 풍부하며, 특히 베타카로틴(비타민 A) 함량이 높아서 항산화 작용이 크다. 칼륨은 여분의 나트륨을 체외로 배출하므로 고혈압에도 좋은 식품이다.

머위의 생약명은 '봉두채(蜂斗菜)', 꽃은 '관동화(款冬花)'라고 한다. 꽃봉오리를 술을 담가 먹으면 기침이 멈추고 편도선이 부었을 때 약재를 갈아서 양치를 하면 효과가 있다. 한방에서는 거어 · 해독 · 소종 · 지통 · 해독의 효과가 있는 약초로 이용한다.

유럽에서는 겨우살이와 함께 2대 항암 식물로 인정하고 있으며, 머위의 쓴맛 성분인 페타신(betacin)은 뇌로 가는 피의 흐름을 원활하게 하고 정상적인 신경계 기능을 도와주는 효능이 있다고 하여, 편두통의 예방 및 치료제, 알레르기성 비염 치료약도 개발되어 있다.

〔개화〕

4~5월경 잎과 함께 또는 꽃대가 먼저 나오며, 암꽃의 빛깔은 희고, 수꽃은 연한 노란빛이다.

〔분포〕

전국(제주도 울릉도, 남부 지방)의 햇볕이 잘 드는 산기슭, 논 밭둑, 민가 근처에 푼포한다.

〔재배〕

머위는 재배하는 채소라기보다는 야생에서 채취하여 이용하는 쌈채소지만 하천변 노지가 있다면 키워 보고 싶은 식물이다. 쇠뜨기가 많이 발생하는 곳에 머위도 잘 자란다. 머위는 다습한 산성 토양에서도 잘 자라므로 하천변이나 습기가 충

머위 꽃(위) / 머위 잎(아래)

바닷가에 자생하는 털머위

머위 군락

분하여 다른 작물을 재배하기 어려운 텃밭의 경계부나 밭둑, 반그늘이 지는 곳 등 마땅히 다른 작물을 심기 어려운 노지에 심어서 잡초들과 어울려 자라게 두면 된다. 따로 거름을 넣거나 밭을 일구는 준비 작업이 필요 없다. 번식을 시키려면 봄이나 늦은 가을에 싹이 붙어 있는 포기를 나누어서 30cm 간격으로 심은 뒤 흙을 얕게 복토하여 물을 충분히 공급해서 건조하지 않게 해 주면 뿌리를 잘 내린다. 노지재배는 가급적 따뜻한 중남부 지방이 좋다. 최근에는 중부 이북 지역에서 시설에서 대량 재배하기도 한다.

〔이용〕
머위는 어린잎과 줄기를 데친 뒤 찬물에 우려내 아릿한 맛은 우려낸 뒤 쌈으로 먹는다. 다 자란 줄기는 껍질을 벗기고 데쳐서 나물로 먹거나 탕을 끓일 때 이용하거나 볶음 · 조림 · 장아찌 · 정과 등으로 조리하기도 한다. 머위에는 약간의 쓴맛과 발암성 물질이 들어 있으나 수용성이므로 데쳐서 우려내면 문제가 되지 않는다. 머위 꽃은 생것 그대로 장아찌를 담거나 튀김을 하고, 차를 끓이거나 술을 담그기도 한다.

〔연구 특허〕
국내의 항산화 및 항암 활성 효과에 대한 실험에서는 물 추출물보다는 에탄올 추출물의 항산화 활성이 높았으며, 정상세포의 생육에는 영향을 미치지 않으면서 위암세포주와 간암세포주의 생육을 효과적으로 억제했다는 연구가 있다.
    머위 추출물은 신경세포 보호 효과가 있고, 뇌기능 개선 효과가 있으며, 항비만 또는 주름 개선용 화장품의 원료가 된다는 내용의 특허가 있다.

멀꿀

멀꿀

제주도의 으름

재배 환경	남부 지방의 따뜻한 섬 지방의 숲속 습기가 있는 사질양토
성분 효능	아미노산, 비타민 C, 철분 · 칼슘 · 망 간 등 무기물 / 구충 · 강심 · 이뇨 · 진통 작용

- 영문명 Stauntonia vine
- 학명 *Stauntonia hexaphylla* (Thunb.) Decne.
- 으름덩굴과 / 상록 활엽 덩굴식물
- 생약명 野木瓜(야모과)

이용	정원수, 꽃차 재료, 식재료, 화장품 원료, 항암약재

〔특징〕

멀꿀 줄기는 10~15m 정도 뻗고, 5~7개의 잎은 으름덩굴과 닮았다. 열매는 달걀 크기와 모양인데 으름과 달리 익어도 벌어지지 않고 맛도 더 좋다. 제주도에서는 열매의 단맛에 취해서 정신이 멍해진다고 하여 '멍낭'이라고 한다. 열매에는 아미노산, 당류, 철분 · 칼슘 · 망간 등의 무기물이 들어 있다. 멀꿀 열매에 가득 들어 있는 검은 씨앗은 맛이 아리고 쓰며, 구충의 효능이 있다.

멀꿀 줄기와 잎에는 사포닌과 페놀류가 들어 있으며, 한방에서는 멀꿀의 줄기와 뿌리를 '야모과(野木瓜)', '야목통(野木通)'이라고 한다. 강심(强心) · 이뇨(利尿) · 진통(鎭痛)제로 이용한다.

〔개화〕

4~5월경 황백색의 꽃이 피고, 9~10월애 열매가 적갈색으로 익는다.

〔분포〕

우리나라 남서해안(제주도, 전라남도, 경상남도)의 섬 지방, 일본, 타이완, 중국 남부 등지에 분포한다.

〔재배〕

따뜻한 섬 지방의 숲속에서 자생한다. 섬 지방에서는 덩굴이 대문이나 담장을 타고 자라도록 키운다. 내한성이 약해서 중부 이북에서는 재배하기가 어렵고, 생육 상태가 불량하다. 적당한 습기가 있는 사질양토를 좋아하며, 종자나 삽목, 이식하여 번식시킬 수 있다. 봄철에 가지를 잘라서 모판에 심어서 수분을 조절해 주면 뿌리를 잘 내리므로, 이를 이식하면 된다. 묘목도 생산되고 있으므로 묘목을 심는 것이 편리하고 빨리 수확할 수 있다. 생육 초기에는 약간의 해가림이 필요하다.

〔이용〕

꽃이 아름답고 향기가 좋아서 관상 가치가 높으므로 울타리나 정원수로 심거

멀꿀 꽃(위) / 멀꿀 잎(아래)   멀꿀 덩굴

멀꿀 덩굴

나 화분에 올리고, 야외 쉼터에서 등나무처럼 햇빛을 막아 주는 용도로 심기도 한다. 꽃은 말려서 꽃차를 만들고, 열매는 식용한다.

멀꿀의 부위별 성분 함량과 생리 활성을 조사한 결과, 비타민 C는 과피에 85.23mg/100g, 과육에 61.67mg/100g가 함유되어 있었고, 총 아미노산 또한 과육보다 과피에 더 많았으며, 철분·칼슘·망간 등 무기물 함량 또한 과피에 많았다는 연구가 있다. 따라서 멀꿀은 껍질까지 이용하는 것이 좋으므로 유기농 등 안전한 방법으로 재배해야 한다.

〔연구 특허〕

멀꿀 잎 추출물을 포함하는 해열제, 멀꿀 추출물을 이용한 알코올성 간 손상 보호용 조성물, 조골 및 연골 조직 생성 촉진 물질, 관절염 치료, 전립선 질환 치료, 색조 화장료 등에 관한 특허가 출원되어 있다. 또한 멀꿀의 잎과 줄기 추출물은 사람의 결장암 세포주에 강한 항암 활성을 나타낸다는 연구도 있다.

모과나무

모과나무

서리 내린 뒤 더 강해지는 향기

- 영문명 Chinese quince
- 학명 *Pseudocydonia sinensis* (Thouin) C.K.Schneid.
- 장미과 / 낙엽 활엽 교목
- 생약명 木瓜(목과)

재배 환경	우리나라 전역 물 빠짐이 좋고 굵은 자갈이 섞인 양지바른 곳
성분 효능	당질·비타민 C·유기산·탄닌 / 진해·거담·지사·진통
이용	관상수, 차·술·정과 등의 식음료 재료, 골관절염 치료제, 간기능 개선제

〔특징〕

모과나무는 중국이 원산지로서 키는 10m 정도 자란다. 봄에 피는 연홍색 꽃이 아름답고, 나무껍질(수피)의 흰무늬가 독특하며, 가을에 노랗게 익는 열매가 크고 향기로워서 정원수로도 가꾸기에 좋다. 환경에 잘 적응하므로, 집 주변이나 밭둑, 마을의 빈터에 심어 두기에도 좋은 나무이다.

열매인 모과는 수분이 적고, 당질은 많으며, 비타민 C와 무기질이 풍부한 알칼리성 식품이다. 모과의 강한 신맛은 사과산을 비롯한 유기산으로, 신진대사를 도우며 소화 효소의 분비를 촉진한다. 떫은맛의 탄닌 성분은 수렴 작용이 있어서 지사제로 활용한다. "어물전 망신은 꼴뚜기가 시키고, 과일전 망신은 모과가 시킨다"라는 속담처럼 향은 좋지만 과육이 단단하고 신맛과 떫은맛이 강하므로 생으로 먹지 않고 주로 차나 술을 담아 마신다.

한방 생약명은 '목과(木瓜)'이며, 진해·거담·지사·진통 등의 효능이 있다.

〔개화〕

4~5월경 연분홍색의 꽃이 피고, 열매는 8~9월에 노랗게 익는다.

〔분포〕

우리나라 중부 이남 지역에서 키운다. 중국, 일본에 분포한다.

〔재배〕

모과나무는 물 빠짐이 좋은 굵은 자갈이 섞인 양지바른 곳에서 잘 자란다. 추위나 병충해에도 강하여 뿌리를 잘 내린 뒤에는 별도의 관리가 필요 없다. 가을에 잘 숙성된 퇴비를 나무 그루터기에 시비하면 열매가 풍성하게 날린다. 종자 번식은 씨앗을 채취하여 노천 매장하였다가 봄에 파종하면 되는데, 발아는 잘되지만 성장이 느려서 열매를 보려면 수년이 걸린다. 삽목으로도 증식시키지만 소규모로 재배할 경우 묘목을 구입해서 심는 것이 여러 모로 편리하고, 수확 기간도 단축시킨다.

모과나무 꽃(위) / 어린 열매(아래)　　　　　　모과

모과나무

참고로, 주변에 향나무가 있으면 잎에 붉은별무늬병이 걸리므로 주의해야 한다.

[이용]

꽃과 열매, 수피가 아름다워서 관상가치가 있어서 정원용으로도 훌륭하다. 분재를 만들면 열매의 크기도 작아진다. 모과 열매는 방향제로 이용한다.

잘게 썰어서 모과청을 만들어 두었다가 차로 마시거나 잼이나 케이크 등 다양한 식품에 활용할 수 있다. 2L의 담금주에 모과 1kg과 설탕 200g을 넣어 모과주 (木瓜酒)를 만든다. 모과주는 피로 해소와 식욕 증진, 관절염 개선에 도움이 된다.

골관절염을 치료하고 통증을 완화하는 치료제로서 '레일라정'이라는 천연물 신약이 있는데, 그 모태는 고(故) 배원식 한의사의 '활맥모과주'라는 처방이다. 제조 방법을 보면, 모과 · 우슬 · 오가피 · 계지 각 8근, 당귀 · 천궁 · 천마 · 홍화 · 진교 · 위령선 · 의이인 각 5근, 속단 · 방풍 각 4근을 분말로 만들어 소주에 넣고 8개월간 숙성시킨다.

[연구 특허]

모과 추출물의 항알레르기 및 항산화 작용, 항염증 효능, 마우스 기억 손상에 대한 억제 효과, 에탄올에 의해 유발된 간독성에 대한 보호 효과 등 많은 연구가 있다. 특허에 의하면 모과 추출물이 기억력 개선, 항 치매 등의 뇌신경 질환을 치료하는 효과가 있으며, 간 기능 개선, 항비만의 효과 외에도 위장관 운동장애를 치료하는 약이 된다. 또 모과 탁주 · 간장양념 소스 · 모과액을 함유한 사과 주스도 만들고, 애엽(쑥)과 모과 혼합 추출물은 해충 기피제가 된다는 특허도 있다.

열매에 칼슘이 풍부한 칼슘나무(*Semen pruni* Humilis)와 모과나무를 접붙이면 보다 튼튼하고 수확이 증대된다는 특허가 출원되기도 하였다.

모링가나무 어린잎

모링가 올레이페라

기적의 열대 슈퍼 푸드

● 영문명 Moringa
● 학명 *Moringa oleifera* Lam.
● 모링가과 / 열대성 관목

재배 환경	온실. 동남아시아의 농장. 우리나라에서는 보온 설비 시설에서 재배, 실내 화분 재배
성분 효능	아미노산, 무기질, 비타민, 베타카로틴 등의 항산화 물질 / 면역력 증진, 성인병 개선, 항염증·항암 효과
이용	샐러드·차·초절임 등의 식재료, 기능성식품, 암 치료제, 다이어트 약재

〔특징〕

모링가 올레이페라는 열대성 관목으로, 열대나 아열대의 따뜻한 기후에서 성장이 빠른데, 키는 10~12m까지 자란다. 유사종으로 모링가 힐데브란티(*Moringa hildebrandtii* Engl.)가 있으나 일반적으로 올레이페라 종을 재배한다. 어린잎과 꽃·꼬투리·익은 씨앗·씨에서 짜 낸 기름은 식용하며, 모링가의 뿌리는 겨자무 대신 샐러드·소스·향신료로 이용한다.

모링가는 다량의 아미노산·무기질·비타민, 베타카로틴 등의 항산화 물질 등 90여 가지의 영양소를 함유하고 있는데, 우유보다 2배 많은 단백질, 오렌지보다 7배 많은 비타민, 바나나보다 3배 많은 칼륨 등, 세상에서 영양분이 가장 풍부한 나무로 '기적의 나무'라고도 불린다. 당뇨·고혈압·변비·빈혈·골다공증 등의 질병을 다스리고, 항암 효과도 있다.

아프리카 지역의 영양실조에 걸린 어린이들을 돕기 위해 모링가를 재배하고 있으며, 국제연합(UN)과 세계보건기구(WHO)에서도 모링가 재배 프로젝트를 지원하고 있다.

〔개화〕

4~6월경 황백색의 꽃이 피고, 7~8월경 열매가 맺는다.

〔분포〕

인도 북서부 히말라야 산기슭에 자생하고, 열대 지역에서 재배하는 종은 모링가 올레이페라이다. 아프리카종인 모링가 힐데브란티 또한 널리 분포한다. 우리나라에서는 남부 시방은 물론 북부 지방의 강원도 철원에서도 재배하고 있다.

〔재배〕

동남아시아의 모링가는 카사바·커피나무 등과 동일한 조건에서 잘 자란다. 건조에 강한 식물이지만 어린 모종은 충분한 관수가 필요하고 30℃ 이상의 기온에서 생육이 활발하다. 남부 지방에서는 노지재배도 할 수 있지만, 중부 이북에서는

모링가 꽃(위) / 열매(아래)

모링가 열매

냉해를 입을 수 있으므로 겨울을 넘길 수 있는 보온 설비가 필요하다. 화분에 심어서 실내에서 키우면 여러 모로 편리하다. 발아가 잘되므로 모판 상자에 파종하여 육묘해서 이식한다. 묘목을 구해서 심으면 빨리 수확할 수 있는 등 여러 모로 편리하다. 봄에 파종하여 여름에 잎과 줄기를 수확하는 채소류처럼 키우기도 한다. 1년에 2~3차례 수확할 수 있는데, 채취한 부분에 새로운 줄기가 자라 나온다. 생장점을 잘라 주면 웃자람을 방지하여 수확하기에 좋아진다. 모링가는 열대, 아열대 기후에 적합한 식물이므로 우리나라에서는 겨울을 시설 내에서 넘겨야 하고, 인건비 등을 고려할 때 국내에서 대규모로 재배하는 것은 채산성이 맞지 않을 수 있으므로 신중하게 접근하는 것이 좋다. 식품 대기업에서 동남아시아의 농장에 직접 투자하는 경우도 많다.

〔이용〕

모링가 잎은 약간 매운맛과 풀맛이 나는데, 샐러드 등으로 요리해서 먹고, 말려서 차를 끓여 마신다. 분말이나 발효액을 만들어서 두면 저장성이 좋아지고 다양한 용도에 활용할 수 있다. 꼬투리는 또한 매운맛에 오크라와 비슷한 상큼한 맛이 있는데 '드럼 스틱(Drum stick)'이라고 하여 아스파라거스처럼 요리해서 먹는다. 씨앗은 콩과 비슷한 식감이고 매콤한 맛이 있다. 덜 익은 씨앗이 함유된 꼬투리째 손질하여 튀김, 스프 등 다양한 요리 방법으로 활용할 수 있다. 씨앗은 콩처럼 활용한다. 모링가의 연한 뿌리는 다른 뿌리채소처럼 초절임을 해도 좋다. 모링가 뿌리의 분말로 수제 비누를 만들기도 한다.

〔연구 특허〕

최근 연구에서는 모링가 잎은 물 추출물이 다른 추출 방식보다 항산화 및 생리 활성 효과가 더 우수했다는 실험 결과가 있고, 피부 노화 억제와 항염증 효과에 있어서 부위별 모링가 추출물 중 뿌리 추출물이 가장 높았고, 신장 섬유화 억제, 여성 유방암의 세포 침투 및 전이를 억제하는 효과가 확인되었다.

씨앗은 기관지 확장·소염·살균 활성으로 인한 천식 방지 효과가 있고, 아토피 피부염을 개선하며, 버리게 되는 종피는 다제내성균에 광범위한 약효를 가지고 있다는 연구가 있다.

특허를 살펴보면, 모링가를 이용하여 모링가 쌀·떡국떡·두부·간장·된장·식초·김치 양념·차 또는 발효 음료 등의 식품을 만든다는 특허가 있고, 모링가 잎으로 암 치료제 또는 방사선 병용 처치용 약물, 비만 개선약 등을 만들 수 있으며, 뿌리로는 혈전증 치료약을 만들고 피부 미백 화장품을 만든다.

물싸리

물싸리

백두산의 보약차

- 영문명 Stiff shrubby cinquefoil
- 학명 *Potentilla fruticosa* var. *rigida* (Wall.) Th.Wolf
- 장미과 / 낙엽 활엽 관목
- 생약명 金老梅花(금로매화)

재배 환경	북부 지방의 건조하지 않고 습기가 적당한 사질양토. 바람이 잘 통하는 곳
성분 효능	트리테르펜(triterpen) · 우르솔산(Ursolic acid) / 소화불량, 부종, 적백대하, 유선염 개선
이용	차, 한약재

〔특징〕

물싸리는 함경도의 고산지대, 백두산, 깊은 산의 습지나 바위틈에 자생한다. 흰색의 꽃이 피는 은물싸리(*Potentilla fruticosa* var. *mandshurica* Maxim.)도 있다. 키가 작은 풀이지만 소관목과 어울려 광범위하게 군락을 이룬다. 공해에 대한 저항성이 크며 습기에도 강하고 건조에도 잘 견딘다. 척박한 땅에서도 잘 견디며, 병충해 발생도 적으나 가능한 한 바람이 잘 통하는 곳에서 재배하는 것이 좋다. 최근에 원예종으로 정원의 생울타리나 암석정원에 관상수로 심어 가꾸기도 한다. 강원도 함백산에서 물싸리 증식을 성공했다는 소식도 있다.

잎으로 차를 만들어 마시고, 한방에서 꽃을 말려 약재로 쓴다.

〔분포〕

북한의 백두산과 함경도 고산 지대, 북반구의 유럽, 북아메리카 대륙의 고원 습지에 분포한다. 우리나라에서는 원예종을 심어 가꾼다.

물싸리 꽃　　　　　　　　　　　　　물싸리 전초(위) / 마른 물싸리(아래)

〔개화〕

6~8월경 노란색의 꽃이 핀다. 드물게는 흰색의 꽃이 피는 종도 있다.

〔재배〕

토양은 가리지 않는 편이나 사질양토에서 잘 자란다. '물싸리'라는 이름처럼 수분을 좋아하므로 흙이 마르지 않게 관리해야 하지만 과습은 피해야 한다. 백두산의 물싸리 군락지는 키가 큰 나무 사이에 햇빛과 수분이 충분한 곳에서 군락을 이루고 있다. 화분에 키울 때는 뿌리가 얕게 뻗어 가므로 얕은 분에 왕모래를 아래에 충분히 깔고 산모래와 이끼를 섞은 배양토에 심는다. 물싸리는 종자 번식보다는 묘목을 심는다. 꺾꽂이로도 쉽게 뿌리를 내린다. 이식력이 좋고 내한성이 강하여 노지에서 월동하며 16~25℃에서 잘 자란다. 다만 무더위는 잘 견디지 못하므로 바람이 잘 통하게 하고, 햇빛은 부분적으로 차단해 주는 것이 좋다.

〔이용〕

잎은 '약왕다(藥王茶)'라 하여 여름에 잎을 채취하여 깨끗하게 씻어서 햇볕에 말려 차로 마신다. 꽃은 '금로매화(金老梅花)'라 하며 약용하는데, 꽃을 채취하여 그늘에서 말려 쓴다. 개화 기간이 길고 바위틈이나 물가에서도 잘 자라므로 암석정원의 관상수로도 적합하다.

〔연구 특허〕

물싸리에 대한 최근 연구는 많지 않다. 재배와 관련하여 삽목 시기나 생장조절제 처리와 발근에 대한 연구가 있고, 물싸리의 잎은 강한 항산화 물질을 함유하고 있다는 보고가 있는 정도이다. 이용 방법에 대한 추가 연구가 필요한 식물 가운데 하나이다.

미라클베리

미라클베리

신맛을 단맛으로 바꾸는
기적의 열매

- 영문명 Miracle Berry
- 학명 *Synsepalum dulcificum* (Schumach. &Thonn.) Daniell
- 사포타과 / 상록 활엽 관목

재배환경	온실. 물 빠짐이 좋은 산성토양 혼합물
성분효능	미라쿨린(당단백질) / 혀의 촉삭을 변형시켜 신맛을 단맛으로 바꿈
이용	관상수, 인공감미료 대용, 차·음료, 다이어트식

〔특징〕

미라클베리는 열대지방이 원산지인 상록성 관목으로, 키는 2~5m 정도로 자란다. 잘 익은 열매는 약간의 신맛이 있고, 단맛이 살짝 느껴지는 정도지만 이를 먹고 난 뒤에는 모든 음식이 달콤하게 느껴진다. 이는 미라쿨린(당단백질의 일종으로 미각 변경 기능이 있는 물질. 달지는 않지만 용해가 빠르고, 신맛을 단맛으로 바꾸어 주는 성질이 있어 감미료로 사용한다)이 들어 있기 때문이다. 특히 신맛을 단맛으로 전환하는 효과가 약 30분~1시간 정도 지속되는데, 단맛을 더 달게 하지는 못한다. 미라쿨린은 열에 의해 유효성을 잃으므로 가열하여 이용하지 않으며, 생과의 유통기간은 2~3일, 냉동 건조하면 조금 더 오래 이용할 수 있다. 동결 건조 방식으로 미라쿨린을 과립 또는 정제 형태로 추출하면 10~18개월 정도 보관할 수 있다.

미라클베리는 서아프리카에서 오래전부터 전통 맥주인 피토(Pito)나 옥수수빵 등의 감미료로 사용해 왔지만 다른 지역에는 잘 알려지지 않았다.

〔개화〕

열대지방에서는 연중 수차례 흰 꽃이 핀다. 붉게 익는 열매는 커피콩 크기 정도로 작으며, 과육의 내부에 한 개의 작은 씨앗이 있다.

〔분포〕

서아프리카 열대 저지대의 다습한 지역.

〔재배〕

주로 씨앗으로 번식시키는데 발아를 위해서는 자생지와 비슷한 환경이 필요하다. 배수가 잘되는 산성토양 혼합물에 심고, 싹이 나올 때까지 햇빛은 막아 주고 배양토가 마르지 않게 습도를 유지한다. 온도는 섭씨 23도 이상 높을수록 발아가 빠르고 잘 큰다. 미라클베리는 성장 속도가 느린 나무로서 어린 나무는 열대환경(온도와 습도 조절)이 필요하지만, 성숙한 개체는 실내에서도 키울 수 있다.

〔이용〕

열매가 아름다워 관상수로 이용하고, 잎은 차를 끓여서 마시는데 혈당치를 내려
주고 고혈압에 좋다. 미라클베리는 단맛 자체는 아니지만 열매를 먹고 난 뒤 기
적적인 효과가 생기는데, 레몬 · 칼라만시(Kalamansi) · 라임 · 오렌지 등의 신맛이
나는 과일을 달콤하게 맛볼 수 있으며, 심지어 식초도 단맛이 나므로 식품 개발
에 다양하게 응용할 수 있다. 딸기는 설탕을 뿌린 것 같은 맛이 난다. 미라클베리
는 인공감미료 대용이며, 쓴 약을 복용할 때나 당뇨환자용 또는 다이어트용으로
이용하며, 항당뇨 · 항암 및 통풍 개선 효과도 확인된 바 있다. 토마토나 딸기 등의
과일, 채소류와 접목하여 단맛이 나는 형질 변경 식물체 개발에 응용할 수 있다.

〔연구 특허〕

내한성을 높이고 보다 많은 수확을 위해서는 뽕나무와 접을 붙여서 육종한다
는 내용의 특허가 출원되기도 하였다.

토종 흰민들레

민들레

동서양의 민간약

- 영문명 Korean dandelion
- 학명 *Taraxacum platycarpum* Dahlst.
- 국화과 / 여러해살이풀
- 생약명 蒲公英(포공영), 黃花地丁(황화지정)

재배환경	우리나라 전역 습기가 충분히 있는 토양. 강원도 양구에서 많이 재배한다.
성분효능	비타민 · 무기질 · 아미노산 · 실리마린 / 항상화 작용, 항염 · 살균 작용
이용	샐러드 · 쌈 · 장아찌 등의 식재료, 건강기능식품, 화장품, 항염증 · 항우울증제 등

[특징]

민들레는 우리나라 전역에서 흔하게 볼 수 있는데, 자생하는 민들레 종류에는 서양민들레, 흰민들레(*Taraxacum coreanum* Nakai), 흰노랑민들레(*Taraxacum coreanum* var. *flavescens* Kitam.), 산민들레(*Taraxacum ohwianum* Kitam.), 좀민들레(*Taraxacum hallaisanense* Nakai) 등이 있다. 가장 흔한 것은 귀화식물인 서양민들레(*Taraxacum officinale* Weber)이다. 흰민들레는 섬 지방이나 산골마을에서 가끔 볼 수 있으며, 연노랑색 흰노랑민들레는 드물게 보인다. 산민들레는 강원도 등 깊은 산에서 자생하는 종이고 좀민들레는 제주도에 자생한다. 서양민들레와 토종민들레는 꽃받침(총포)의 모양으로 구별할 수 있는데, 뒤로 젖혀지지 않고 감싸고 있으면 토종이고, 꽃받침이 젖혀져 있으면 서양민들레이다. 서양민들레와 달리 토종민들레는 자가불화합성(같은 개체의 꽃가루로는 씨앗을 맺지 못하는 성질)이 있으므로 번식력이 약하여 갈수록 개체 수가 줄고 있다.

민들레는 햇볕이 잘 드는 곳에 무리지어 자생하고, 꽃이 진 뒤에 흰 관모가 바람을 타고 멀리까지 씨앗을 옮긴다. 예로부터 어린순은 식용하고 전초는 약용해 왔다. 한방에서는 '포공영(蒲公英)'이라 하는데, 청열 해독의 효능이 있어서 해열·소염·이뇨·건위 작용을 한다. 민들레는 쌉쌀한 맛의 흰 유액이 나오는데 소화를 촉진하고 식욕을 증진시킨다. 민간에서는 젖이 잘 나오지 않을 때 산모에게 먹였고, 어린애들 젖을 뗄 때는 민들레나 씀바귀의 쓴 유액을 발랐다.

민들레에는 온갖 비타민과 무기질, 아미노산이 다양하게 들어 있으며, 피토케미컬 성분 또한 다양하다. 성분 중에서 특히 주목할 것은 대표적인 항산화 성분인 실리마린으로, 세균성 간염의 치료에 쓰이며, 항암 효과가 크다.

[개화]

4~5월경에 노란색·연노란색·흰색의 꽃이 핀다.

[분포]

우리나라 전역, 중국, 일본 등지에 분포한다.

산민들레

흰민들레

개민들레(서양민들레)

알프스민들레

민들레를 원료로 한 건강식품

〔재배〕

일반적으로 흰민들레를 많이 키운다. 산민들레는 강원도 지역에서 재배하는데 습기가 충분히 있는 토양에서 잘 자란다. 흰노랑민들레는 재배하는 경우가 없으므로 재배 품목으로 추가할 만하다. 민들레류는 양지쪽을 좋아하여 햇빛이 없으면 꽃잎을 닫는다. 재배하는 경우, 토양 습도가 부족하면 잎을 이용하기 어려우므로 적절한 수분 관리가 필요하다. 민들레는 생명력이 강한 잡초로서 환경에 잘 적응하지만 굳이 적지를 고르려면 배수성이 좋고 해가 잘 드는 곳이 좋으며 비옥한 땅이면 더욱 좋다. 과수 작물 아래에서 키워도 된다.

　민들레는 씨앗으로 번식이 잘되는데, 채취한 씨앗을 바로 파종하거나 봄철에 밭에 뿌려 준다. 육묘 기간에는 수분 및 비배 관리를 해 주어야 한다. 야생 민들레 뿌리를 캐서 이식하여 번식시키기도 한다. 잎을 잘라낸 뒤에도 다시 싹이 나오므로 시설에서 재배하면 연중 2~3회 수확할 수 있다.

〔이용〕

민들레 어린잎은 샐러드나 겉절이를 만들어 먹는다. 잎과 뿌리로 국거리나 튀김을 하고, 장아찌나 김치를 담기도 한다. 꽃차를 만들거나 뿌리를 볶아서 커피 대용으로 마시기도 하고, 전초를 살짝 말려서 술을 담는다. 발효액을 만들어서 음료로 이용하고 각종 음식에 첨가하며, 발효주나 발효 식초를 만든다. 분말을 만들어 각종 요리에 첨가하고, 수제 미용 비누나 미스트도 만든다.

〔연구 특허〕

민들레 차·식후 혈당조절용 냉면·민들레 밥·민들레 떡·한과·청국장·김치·민들레 꽃 식혜·새싹 민들레 등의 다양한 식품 특허가 있고, 또 지실내사 장애 및 당뇨 합병증 치료·항염증제·피부 개선 화장품·갱년기 질환이나 우울증 치료·비만 치료·친환경 염색약·양계용 발효 사료 등에도 민들레가 이용되고 있다.

바위돌꽃

뿌리 한 근이 말 한 필과
맞먹는 귀한 약재

- 영문명 Rose-root rhodiol
- 학명 *Rhodiola rosea* L.
- 돌나물과 / 여러해살이풀
- 생약명 紅景天(홍경천)

재배환경	북부 지방, 강원도 설악산이나 오대산 등 고산의 바위 지형
성분효능	살리드로사이드 · 티로솔 · 탄닌 / 관절염 · 신경통 · 신경쇠약 · 식욕부진 · 빈혈 개선, 면역력 증진, 피로 해소, 피부 미백 작용
이용	건강기능식품, 항암 약재

〔특징〕

바위돌꽃은 백두산·낭림산·티베트 등의 해발 2,000m 이상 고산지대 바위틈에 자생한다. 해발 3,000~5,000m의 고산지대에도 서식한다. 노란색 또는 자주색의 꽃이 핀다. 유사 식물로는 참돌꽃·가지돌꽃·좁은잎돌꽃·로단타돌꽃 등이 있다. 뿌리는 '홍경천(紅景天)' 또는 '고산홍경천'이라는 한약재로 쓴다. 홍경천은 주로 바위돌꽃(Rhodiola rosea L. RR)의 뿌리를 이용하는데, 바위돌꽃 외에도 돌꽃(Rhodiola)속 유사식물의 뿌리를 대용하기도 한다.

주요 활성성분은 살리드로사이드(salidroside)와 티로솔(tyrosol)이며, 탄닌과 플라보노이드 화합물 등도 함유하고 있는데, 항피로·항고온·항저온·항방사능 등의 효능이 있다. 항산소 결핍의 효과도 있어서 티베트에서는 고산병 증세에 효과가 있는 것으로 알려지고 있다. 또 항산화 및 항노화 효과가 있고, 간 보호·혈당조절·진통이나 항바이러스 효능도 있는 것으로 확인되었다. 남한 지역에서는 자생하고 있지 않으나, 다양한 생리 활성 효과가 있는 식물이므로 강원도 1,000m 이상의 고지에서 증식시켜 볼 필요가 있다.

〔개화〕

7~8월경 자주색의 암꽃 연한 황색의 수꽃이 핀다.

〔분포〕

우리나라 백두산, 평안북도, 함경남북도에 자생한다. 중국, 일본, 러시아, 중앙아시아, 유럽, 북미에 분포한다.

〔재배〕

바위돌꽃이 자생하는 환경은 고산 극냉지로서 산소가 희박하고 일교차가 심하며 바람과 자외선이 강한 곳으로 식물이 자라기에는 최악의 여건이다. 두메양귀비·하늘매발톱·설련화 등 소수의 고산성 식물들과 함께 자란다. 따뜻한 지역에서는 자라지 못하므로 뿌리나누기하여 강원도 설악산이나 오대산 등 고산의 바위 지형

바위돌꽃 암꽃(위) / 수꽃(아래)   백두산 고원에 핀 바위돌꽃

에서 키워 볼 수 있다. 또 식물 공장에서 비슷한 환경 조건을 만들어 주거나, 조직 배양한 체세포를 배지에서 키울 수도 있다.

　화산 토양의 흙이 있는 곳에서는 바위돌꽃의 뿌리가 깊고 건강하지만, 바위에 붙어 살아가는 것은 대부분 최악의 환경 조건이라 뿌리 일부가 썩어 있다. 중국 연변 지역에서도 재배하고 있는데, 종자를 파종하여 1년을 재배한 뒤 이식하여 2~3년 재배하고 옮겨 심어 2~3년을 더 재배하여 상품화하고 있지만 재배 기간 4년 이상으로 길고, 발아율의 저조와 여름철 뿌리썩음병 등의 어려움을 겪고 있다.

〔이용〕

오래 전 중국에서는 바위돌꽃(홍경천) 뿌리 한 근을 말 한 마리와 교환했다고 할 만큼 귀한 식물이었기에 흔하게 이용하지는 않지만, 특허를 살펴보면 고산홍경천의 추출물을 함유하는 음료, 홍삼 및 홍경천 발효물을 포함하는 피로 해소 및 운동 능력 향상용 조성물, 기능성 청국장 가루, 조말형 메주 제조 방법, 민물장어 양식용 사료 첨가제, 미백 활성을 갖는 홍경천 초임계 추출물, 홍경천 추출물을 함유하는 당뇨병 치료제, 면역기능 강화제, 간 섬유화 억제 조성물, 홍경천과 차가버섯 추출물을 유효 성분으로 함유하는 항암용 조성물, 피부세포의 줄기세포능 개선용 의약품, 백반증 치료용 건강기능식품 등 다양한 이용 방법에 관한 특허들이 출원되고 있다.

[연구 특허]

「돌꽃속의 촉성 재배 방법」이란 특허가 출원된 바 있는데, 비닐하우스를 설치하여 겨울에도 기온이 15℃ 내지 20℃가 되도록 하고, 일장을 14시간 30분보다 길게 조절하면서 재배하면 자생지에서 종자 발아 후 3년 이상이 지난 식물체에서나 종자를 채취할 수 있는 것을 1년 이내에 종자를 채취할 수가 있으며, 장마철 고온기의 비가림으로 뿌리썩음병이 감소되어 2년 이내에 우량 품질의 상품성이 있는 식물체를 육성할 수 있다는 내용이다.

「홍경천 부정근의 대량생산 방법」이라는 특허는 홍경천 종자를 멸균하여 무균화하는 단계와, 슈크로스가 20 g/ℓ 첨가된 1/3 MS 배지 위에 치상하여 상기 무균화된 홍경천 종자의 발아를 유도하는 단계와, 발아된 홍경천의 임의 부위를 IBA(Indole-3-butyric acid)와 슈크로스가 첨가된 MS 배지 위에 치상하여 부정근을 유도하는 단계와, 상기 유도된 부정근을 액체 배양하는 단계를 거치는 것이다.

「홍경천의 유합 조직의 생산 방법」이라는 특허는 유합 조직(callus) 배양 배지에 생장 조절 물질로 사용된 식물호르몬의 첨가를 줄이는 대신 유산균 배양액을 첨가함으로써, 비용을 대폭 절감할 뿐 아니라 유산균 배양액의 활성성분에 의해 유합 조직(callus) 배양체의 생산성을 높이고 홍경천이 본래 가지고 있는 독성을 저감시킬 수 있다는 내용이다.

바위돌꽃의 뿌리와 씨앗을 받아 점차적으로 700~1,000m의 저지대에 적응시킨 뒤, 씨앗을 채취하여 재배한 뒤 뿌리줄기 나누기와 어린순을 잘라 심기를 하면 보다 장기간 재배할 수 있다는 내용의 특허도 있었다.

바위솔

바위솔

지붕을 지키는 민간 약초

- 영문명 Rock pine
- 학명 *Orostachys japonica* (Maxim.) A.Berger
- 돌나물과 / 여러해살이풀
- 생약명 瓦松(와송)

재배 환경	우리나라 전역 이끼나 흙이 있어서 어느 정도 보습 상태가 유지되는 바위 지형
성분 효능	옥살산 · 레티놀 · 올리고당 / 해열 · 소종 · 지혈 · 이습 효능, 항염증, 위장 질환 개선
이용	관상식물, 항암 약침, 차 · 음료 · 빵 간장 · 식초 등의 식재료, 항암 약재, 화장품 원료

〔특징〕

바위솔은 햇볕이 잘 드는 산지 또는 바닷가의 바위에 붙어 자라고, 오래된 기와집 지붕에서도 볼 수 있으며, 잎이 소나무처럼 뾰족하다고 하여 영어 이름은 Rock pine, 한자로는 '와송(瓦松)'이라고 한다. 여러해살이풀이지만 꽃이 피고 씨앗을 맺으면 말라 죽는다. 정선바위솔이 유명하고, 둥근바위솔·가지바위솔·연화바위솔·난쟁이바위솔 등이 있다. 키는 10~30cm 자라는데, 난쟁이 바위솔은 3~7cm 정도의 꽃대를 올린다.

바위솔에는 옥살산(oxalic acid)·레티놀(Retinol)·올리고당·다당체 등이 들어 있으며, 세포 재생·피부 노화 예방·항암 효과가 있다. 잎은 녹즙을 만들어 먹고, 전초는 햇볕에 말려 약용하는데, 해열·소종·지혈·이습의 효능이 있으며, 간염을 치료하거나 위장 계통의 암 치료에 민간요법으로 많이 이용한다. 종기나 벌레에 물린 상처에 붙이기도 한다.

〔개화〕

9~10월경 흰색의 꽃이 핀다.

〔분포〕

우리나라 전역, 일본, 러시아에 분포한다.

〔재배〕

자생환경을 살펴보면, 강렬한 직사광선과 극단적인 건조에 노출되어 있고, 영양분도 거의 없는 바위에 붙어서 다육질인 잎에 물 저장 조직을 발달시켜 자란다. 내건성이 강한 양지성 식물이지만 바위 그 자체보다는 이끼나 흙이 있어서 어느 정도 보습 상태가 유지되는 곳의 생육 상태가 좋다.

바위솔은 환경에 대한 적응력이 강하고 내건성 내한성은 좋지만 내습성·내음성은 약하다. 종자는 워낙 작아서 채종하기 어렵다. 상자나 화분에 파종하고 키워서 이식한다. 몇 포기를 심어 두면 주변으로 자연 번식하여 개체 수를 늘리며, 꽃

정선바위솔(위) / 바위솔(아래)　　　　　　난쟁이바위솔(위) / 백두산 둥근바위솔(아래)

채취한 바위솔

대를 잘라 주면 포기를 튼튼하게 키울 수 있다. 배수성이 좋은 마사토에 두둑을 만들어서 재배한다. 화분에서 키우기도 한다. 최근 특허에 의하면, 산청토와 와질 점토 및 정제 톱밥을 섞어서 가마에 구워서 다공질의 바위솔 재배용 톱밥점토를 만들어 재배하기도 한다. 물 빠짐이 좋은 한라산의 화산토에 재배해도 되겠다.

〔이용〕

정원의 돌 틈이나 화분에 심어서 조경용 또는 관상용으로 키운다. 생잎은 요구르트나 우유와 함께 갈아서 마신다. 바위솔을 이용하여 차·음료수·와인·빵·초콜릿·간장·된장·식초·식혜·조청 및 두부를 만들고, 소라나 전복을 이용한 해물장을 만들 때에도 바위솔을 첨가한다. 바위솔 발효액이나 분말을 만들어 두면 향신료로도 이용하고 여러 가지 식품에 다양하게 첨가할 수 있다.

〔연구 특허〕

바위솔 추출물은 대장암 세포의 사멸을 유도하고, 와송 약침도 항암 효과를 가지며, 만성골수성백혈병에도 적용되고, 고지혈증이나 비만 치료에 효과적이라는 연구가 있다. 바위솔의 건조방법에 따른 실험에서 햇볕 건조, 열풍 건조 및 냉동 건조 중에서 열풍 건조된 것이 항산화 효과가 가장 높았다는 연구도 있다.

특허에 의하면, 대장암 치료제·당뇨 치료 및 개선약·피부 주름 개선 및 보습 화장품 등이 있고, 참외 재배에 바위솔 추출물을 시비하여 과육에 바위솔의 기능성 성분이 함유되도록 한다는 특허도 있다. 관수하여 키우는 딸기나 토마토 등 다른 과일이나 채소 등에 적용해도 될 것이다. 가금류(산란계 등)를 사육할 때 사료에 바위솔을 첨가한다는 특허도 있다.

백산차

백산차

단군시대부터 마셔 온 토종 차

- 영문명 Hairy labrador tea
- 학명 *Ledum palustre* var. *diversipilosum* Nakai
- 진달래과 / 상록 소관목
- 생약명 杜香木(두향목)

재배 환경	북부 지방의 해발고도 1,000m급의 고랭지
성분 효능	탄닌 · 정유 / 기관지염 · 간장염 · 급성비염 · 천식 · 월경불순 · 불임 개선
이용	한방 입욕제, 피부 미백용 화장품, 뜸, 찜질 크림, 아토피 피부염 개선제

[특징]

백산차는 백두산 두만강 발원지라고 알려진 원지 부근에 많이 자생하며, 북한에서는 천연기념물로 지정하고 있다. 키는 40~50cm 정도이고, 꽃과 잎으로 차를 만들어 마신다. 한방에서 잎을 '두향엽(杜香葉)'이라고 하여 기관지염 · 간장염 · 급성비염 · 천식 · 월경불순 · 불임을 치료하는 데 쓰고, 일본에서는 혈압강하제의 원료로 사용한다. 백산차 잎과 뿌리에는 탄닌과 정유 성분이 들어 있다.

유사종으로 왕백산차 · 좁은백산차 · 노봉백산차 · 함경백산차 · 좀백산차 · 참백산차 등이 있다. 석회암 지대인 단양 · 제천 등에 자생하는 꼬리진달래가 백산차와 유사한데, 이 식물의 가지나 꽃을 '조산백(照山白)'이라 하며 약용하기도 한다.

백두산 등의 고산 지역에 백산차와 함께 서식하는 진달래과 식물에는 진달래와 비슷한 꽃이 피는 황산차(*Rhododendron lapponicum* subsp. *parvifolium* var. parvifolium (Adams) T.Yamaz.)가 있는데 황산차의 잎으로도 차를 만든다.

백산차는 단군시대부터 차로 만들어 마시던 토종 차로서, 제천의식에서 신에게 바치는 성스런 음료이기도 하였다. 이능화(李能和)의 『조선불교통사(朝鮮佛教通史)』에는 "조선 장백산에 차가 나는데 이를 '백산차(白山茶)'라고 한다. 건륭 때 청인이 차를 따 바쳤으므로 궁궐에서 황실차로 썼다[朝鮮之長白山 山茶名白山茶 乾隆時淸人採貢 宮庭爲御用之茶]"라고 되어 있다. 백산차는 박하향과 솔향기 등이 혼합된 맛과 향이 있다.

[개화]

5~6월경 흰색의 꽃이 핀다. 삭과는 긴 타원형이고 길이 3.5~4mm로서 암술대가 달려 있으며 9월에 익는다.

[분포]

우리나라 백두산 · 함경도 일대, 우수리 강, 사할린 섬, 시베리아 동부, 알래스카, 그린란드 등 해발 1,000m 이상의 고산지대의 습지에 자생한다.

꼬리진달래. 백산차와 꽃이 거의 같으며, 제천, 단양 등 석회암 지대에 자생한다.

황산차. 백두산 등의 고산 지역에 백산차와 함께 서식한다.

〔재배〕

우리나라는 1977년부터 재배하였다고 하는데, 재배 정보는 많지 않으나 최근에는
묘목을 공급하는 곳이 있다. 주로 씨앗이나 발아시킨 묘목으로 재배하는데 대부
분 관상수로 분에 올려 키운다. 수목원(아침고요수목원)이나 가정에서도 키우지만,
대량 재배할 경우에는 따뜻한 곳보다는 1,000m급의 고랭지가 적합하다. 기온이
높은 저지대에서 재배하면 백산차 특유의 향을 기대하기 어려울 것으로 보인다.

〔이용〕

말린 가지를 방 안에 두면 그 향기 때문에 모기나 파리 등이 잘 들어오지 않는다.
민간에서는 무좀이 없어진다고 하여 신발 속에 넣어 신고 다니기도 한다. 백산
차는 잎이나 꽃을 차로 우려서 마시지만 백산차는 미량일 때는 심신을 안정시키
고 숙면을 취할 수 있는 좋은 차이지만 과량 복용할 경우 중추신경계 이상이나 간
질환 등을 가져올 수 있으므로 조심하는 것이 좋다. 진달래를 포함한 백산차 · 철
쭉 · 만병초 등 진달래과 식물의 잎이나 가지, 꽃에는 안드로메도톡신이라는 경련
성 유독물질이 포함되어 있어서 중추신경계에 영향을 미치므로 주의해야 한다.

　황매산이나 지리산 바래봉의 철쭉 군락은 양들이 만들었다고 한다. 양들은 본
능적으로 철쭉에 독이 있음을 알고 이를 남겼다는 것이다. 철쭉은 피부염을 일으
킬 수 있으므로 접촉하는 것은 좋지 않다. 그런데 철쭉의 뿌리를 이용하면 피부염
치료약, 아토피성 피부염이나 습진 치유 및 개선의 효능을 가진 화장품을 만든다
는 특허도 있다. 유럽이나 미국에서도 차로 이용한다는 기록이 있지만 백산차는
강한 향이 있고, 탄닌 성분이 있으므로 변비에는 좋지 않고 자궁 수축 작용이 있
으므로 임산부는 금해야 한다.

〔연구 특허〕

백산차 이용 관련 특허에는 한방 입욕제 · 피부 미백용 화장품, 두향엽 추출물과
캡사이신을 이용한 뜸 · 찜질 크림 · 아토피 피부염 개선제 · 백산차 국수 등이 있
다.

두만강 발원지 원지 주변의 백산차

※참고 : 두향엽으로 차를 제조하는 방법, 특허등록 제477190호, 남** : 본 발명은 진달래과에 속하는 두향엽으로 차를 제조하는 방법에 관한 것이다.

본 발명의 차 제조 방법은, 두향엽을 찌는 공정, 상기 쪄진 두향엽을 덕장에서 비비고 솥에서 덖는 것을 반복하되, 250~150℃ 정도의 온도 범위에서 상기 솥의 온도를 단계적으로 낮추어 가면서 덖는 공정, 및 상기 덖은 두향엽을 건조하는 공정을 포함한다.

바람직하게, 상기 찌는 공정은, 뚜껑(11)이 있는 외솥(10)에 물(20)을 넣고, 상기 물속에 다수의 통기공(32)이 형성된 뚜껑(31)이 있는 내솥(30)을 넣고, 상기 내솥(30)에 두향엽(2)을 넣은 상태에서 중탕으로 가열하되, 상기 외솥(10)과 상기 내솥(30)의 뚜껑(11, 31)을 덮은 상태로 10분 정도 찐 뒤에, 상기 외솥(10)의 뚜껑(11)은 개방한 상태로 다시 10분 정도 찌는 공정을 포함한다.

바람직하게, 상기 두향엽을 비비고 덖는 과정은, 상기 두향엽을 5분 정도 비빈 뒤에 240도 내외의 표면온도 솥에서 30분 정도 덖는 1차 공정, 5분 정도 비빈 뒤에 200도 내외의 표면 온도 솥에서 20분 정도 덖는 2차 공정, 5분 정도 비빈 뒤에 180도 내외의 표면온도 솥에서 10분 정도 덖는 3차 공정, 및 5분 정도 비빈 뒤에 160도 내외의 표면온도 솥에서 10분 정도 덖는 4차 공정을 포함한다.

백운풀 꽃

백운풀

토종 항암 치료제

- 영문명 Snake-tongue starviolet
- 학명 *Hedyotis diffusa* Willd.
- 꼭두서니과 / 한해살이풀
- 생약명 白花蛇舌草(백화사설초)

재배 환경	남부 지방. 식물공장에서 양액 재배
성분 효능	안트라퀴논, 테르페노이드, 스테로이드, 플라보노이드, 유기산 및 다당류 / 항암
이용	차(음료), 건강기능식품, 한약재, 항암제

〔특징〕

백운풀은 남부 지방 산지의 논밭이나 주변 습지에 자생한다. 전남 광양의 백운산 아래서 처음 발견했기 때문에 '백운풀'이라고 한다. 비교적 귀한 식물로, 서울 인근에서 발견되었다고 하지만 확인된 바는 없다. 키는 10~30cm 정도로 자라고, 꽃이 흰색이고 잎은 뱀 혀처럼 길다고 하여 '백화사설초'라고 한다.

꽃대가 짧고 꽃이 하나가 달리는 백운풀 외에도 긴 꽃자루와 꽃이 여러 개씩 달리는 산방백운풀, 꽃자루가 길고 꽃이 하나씩 달리는 긴두잎갈퀴 등이 있는데, 제주백운풀은 식물 분류상 'Hedyotis'속이 아니고 'Oldenlandia'속의 식물이다. 백운풀류는 변이가 많은 편으로 구별이 어렵다. 또한 개체 수도 많지 않고 재배 방법도 쉽지는 않은데, 항암 약초로 알려지면서 종 보존이 어려워지면서 자연에서 찾아보기가 더욱 어렵다.

지상부를 약용하는데 생약명은 '백화사설초(白花蛇舌草)'이다. 무독하나 약성은 찬 편이다. 맛은 쓰고 달다. 청열이습(淸熱利濕)·해독소옹(解毒消癰)의 효능이 있어서, 장옹(腸癰)·황달(黃疸)·옹종정창(癰腫疔瘡)·인후염(咽喉炎)·편도선염(扁桃腺炎)·자궁부속기염(子宮附屬器炎)·독사교상(毒蛇咬傷)·이질(痢疾)·폐열천해(肺熱喘咳)·골반염(骨盤炎) 등을 치료한다. 임신부는 복용을 기한다(운곡본초학).

〔개화〕

8~9월경 흰색의 꽃이 핀다.

〔분포〕

우리나라 남부 지방(제주도, 경상남도, 전라남도), 타이완, 말레이시아, 인도, 일본, 중국에 분포한다.

〔재배〕

백운풀은 종자로 번식하는데, 생명력이 강하고 병충해에 강하지만 내한성은 약하다. 백화사설초 재배 방법에 관한 특허가 있는데, 그 내용은 씨앗 채취 단계, 직사

백운풀 어린순(위) / 백운풀 꽃과 열매(아래)　　백운풀

백운풀

각형의 나무상자 내에 마련된 한천 배지에 1cm의 깊이로 심는 파종 단계, 퇴비를 뿌리고 씨앗을 발아시키는 발아단계, 씨앗이 3 내지 5cm의 모종이 되면, 본포의 두둑에 검은 비닐을 멀칭하고 그 두둑을 따라 소정의 구멍을 내어 그 구멍에 모종을 옮겨 심는 정식단계, 백화사설초의 모종이 30 내지 40cm 자라면, 백화사설초를 뿌리째 수확하는 수확 단계로 구성되어 있다. 식물공장에서 양액 재배하면 연작장애가 없고, 식물의 생육에 있어서 최적 환경을 형성하며, 게르마늄 · 셀레늄과 같은 무기질을 추가하여 기능성을 높일 수 있는 미래형 농업이 될 수 있으므로 식물공장에서 최적의 환경을 만들어 재배해 볼 필요도 있다.

〔이용〕

백운풀은 우리나라보다 중국에서 널리 연구되고 이용되며,『광서중약지(廣西中藥誌)』을 통해 특효 항암 약초로 알려져 있다. 우리나라에는 귀한 항암 약초로서 이용 가능성만 담보된다면 수익성도 기대할 수 있다.

〔연구 특허〕

특허를 살펴보면, 암 개선 및 예방용 건강기능식품, 면역 기능 증강 및 항암활성 의약 조성물, 백화사설초를 포함하는 전립선암 치료용 조성물, 백화사설초 추출물을 포함하는 췌장암 치료용 조성물 및 건강 기능성 식품, 위암에 대한 항암 및 제암 효과를 갖는 건강보조식품 등 암 치료 및 개선에 관한 특허가 많이 출원되었다. 또 관절염 치료 · 간질환 예방 및 치료 · 탈모 개선용 피부 외용제 · 흡연독성 해독약 특허가 있다.

기타 백화사설초차 · 고지혈증 · 간기능 조절 효과가 있는 천연차 · 숙취 해소 및 간 기능 회복에 효과가 있는 천연차 · 백화사설초 추출물을 함유하는 피부 미백용 화장료 · 세안 비누에도 백운풀을 이용하고 있으며, 돼지설사병 예방용 사료 첨가제 특허도 있다.

번행초

번행초

위장 건강에 좋은 갯상추

- 영문명 New zealand spinach
- 학명 *Tetragonia tetragonoides* (Pall.) Kuntze
- 석류풀과 / 여러해살이풀
- 생약명 蕃杏草(번행초)

재배 환경	남부 지방의 물 빠짐이 좋은 비옥한 사질토. 바닷가의 묵은 밭이나 유휴지
성분 효능	비타민 A · B, 철분, 칼슘 / 빈혈 개선, 만성위염 개선, 산후 기력 회복
이용	나물 · 된장국 · 발효액 등의 식재료, 화장품 원료, 천연염색제, 간질환 치료제

[특징]

번행초는 바닷가 모래땅에 자라는 여러해살이풀이다. 줄기 아래쪽이 땅바닥에 비스듬히 눕는 덩굴성 식물로서 길이는 40~50cm 정도이다. 다육질인 어린잎은 짠맛이 살짝 나는데 나물이나 샐러드·된장국·비빕밥 재료 등으로 이용하고, 전초를 열을 내리거나 해독하는 한약재로 쓴다. 영명은 '뉴질랜드 시금치(New Zealand Spinach)'라 하는데 오랜 항해 기간에 생기기 쉬운 괴혈병을 치료하는 데 뉴질랜드의 번행초를 이용한 경험이 있는 탐험가 쿡(James Cook) 선장이 유럽에 소개했기 때문에 붙여진 이름이다.

남해안 지역에서는 '갯상추'라고 하여 생선회와 곁들이는 쌈 채소로 이용하는데 살균 작용이 있어 식중독을 예방하는 효과가 있다. 번행초는 시금치와 마찬가지로 옥살산염이 들어 있어서 결석이 쉽게 생기는 사람들은 생으로 먹지 않고 데쳐서 먹는다. 옥살산(수산)은 수용성이라 데치면 녹아나온다. 감자에도 옥살산이 있는데 생감자를 먹지 않는 것과 같다. 비타민 A·B, 철분, 칼슘 등의 영양소가 풍부하여 빈혈을 개선하고 산후 기력 회복에 효능이 있다. 번행초는 삽주·예덕나무와 더불어 위장에 좋은 3대 약초에 꼽힌다. 특히 위산 과다로 인한 만성 위염에 시달리는 사람에게 좋다.

[개화]

4~11월까지 계속 노란색의 꽃이 피고 진다. 개화기가 길어서 제주도나 따뜻한 섬 지방은 1년 내내 꽃이 핀다.

[분포]

우리나라 남부 지방과 제수도 등 바닷가에 자생한다. 일본, 중국, 남아시아와 호주, 남미 등 전 세계적으로 넓게 분포하고 있다. 일반적으로 해안 주변에 서식하는 식물들은 그 씨앗이 해류를 타고 넓게 퍼진다.

번행초 어린순

번행초 꽃(위) / 번행초 쌈(아래)

번행초

〔재배〕

일반적으로 햇볕이 잘 드는 곳에서 잘 자라지만 반음지에서도 잘 자란다. 건조에 강하여 배수가 잘되는 비옥한 사질토가 좋지만 척박한 바위틈에서도 잘 자라는 강인한 식물이다. 바닷가의 묵은 밭이나 유휴지, 산자락에 키워도 되지만 너무 건조해지면 잎이 억세어진다. 가을에 씨를 채취하여 모래땅에 가매장하였다가 봄 3~4월에 파종해도 되고, 굵은 줄기를 잘라서 모래땅에 꺾꽂이해서 수분 관리를 해 주면 쉽게 뿌리를 내리며, 큰 포기를 나누어 심어도 된다. 싹을 잘라도 계속 새싹이 나오므로 수확 기간이 길다. 어린잎과 줄기는 부드럽고 떫은맛도 없어서 먹기에 더 좋다.

〔이용〕

번행초는 일반적으로 시금치처럼 나물로 요리해 먹으며, 잡채·된장국·비빔밥에 넣어도 좋고, 샐러드·김 등 용도나 기호에 맞게 다양한 요리 재료로 활용할 수 있다. 말려서 차로 마시기도 하고 설탕과 버무려서 발효시켜서 물로 희석시키면 음료수가 되며, 발효주나 발효 식초를 만들 수 있다. 민간에서는 위암·식도암 등의 민간약으로 이용하였는데 허준이 스승 유의태의 반위(위암)를 치료하기 위해 찾아 나선 약초가 번행초라고 전해지고 있다.

〔연구 특허〕

최근 특허에 의하면 번행초가 염증성 신경퇴행성 질환을 치료하고 항당뇨 및 혈중 콜레스테롤 저해활성이 있으며, 갱년기장애의 예방 또는 치료용 약재가 되고, 종양이나 간질환 등의 예방 및 치료제로서 이용될 수 있다는 연구가 있다. 또한 화장품의 원료나 천연 염색의 재료로 연구되고, 번행초에서 기능성 소금을 만든다는 내용의 특허도 출원된 바 있다.

병풀

병풀

마데카솔의 원료

- 영문명 Asian pennywort
- 학명 *Centella asiatica* (L.) Urb.
- 산형과 / 여러해살이풀
- 생약명 積雪草(적설초)

재배 환경	남부 지방의 햇볕이 잘 들고 습기가 충분한 곳. 중부 이북은 온실 재배
성분 효능	마데카식산 / 항염증 작용
이용	주스·잎차 등의 식음료 재료, 화장품 원료, 피부질환 치료제, 치매 치료제

〔특징〕

병풀은 우리나라 남부 지방의 산기슭과 들판의 습기가 있는 곳에 자라는 덩굴성 식물이다. 옆으로 뻗어 가면서 마디에서 뿌리가 내리고 부채 모양의 작은 잎이 있다. 비슷한 식물로 '피막이풀'과 '긴병꽃풀' 등이 있다.

병풀은 '호랑이풀(tiger herb)'이라고도 하는데, 호랑이가 이 풀로 상처를 치료하는 것을 보고 붙인 이름이다. 타이완에서는 '투골초(透骨草)'라 하여 어린이 해열제 · 백독 해독 · 백대하의 약으로 쓰며, 결핵균에 대한 항균 효과도 크다고 보고되었다. '고투콜라(Gotu Kola)'라고도 하는데, 인도 등에서는 외상 · 상피병 · 한센병 · 어린선 등을 치료하는 데 사용했다는 기록이 있다. 최근 연구에 의하면 병풀의 마데카식산은 염증을 낮게 하고, 종양이나 궤양 등의 상처를 치유하는 효과가 있어 연고(마데카솔)나 치약, 화장품(마데카크림) 등의 원료로 쓰이고, 병풀로 치매치료제를 만들 수 있다는 연구도 있다.

〔개화〕

7~8월경 홍자색의 작은 꽃이 피고, 열매는 9~10월경 원형으로 익는다.

〔분포〕

우리나라 서남해안, 호주, 아프리카, 아시아, 남미 등에 분포한다.

〔재배〕

병풀은 따뜻하며 햇볕이 잘 들고, 습기가 충분한 곳에 자생한다. 남부 지방에서는 수로변이나 과수원 고랑에 심어도 좋다. 추위에 약한 식물이므로 중부 이북에서는 온실에서 재배해야 한다. 화분에 심어서 실내에서 키워도 된다. 경상남도 합천에서 노지재배에 성공했다는 소식이 있다. 종자를 채취하여 파종하거나, 5~6월경 마디에서 뿌리가 내린 것을 잘라서 심는다. 토양 습도 관리만 잘해 주면 번식을 하지만 너무 과습하면 잎이 상한다. 외국에는 식물공장에서 수직 재배하는 곳도 있는데, 식물공장에서 양액 재배하면 연작 장애가 없다. 또 빛이나 온도 · 습

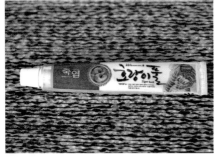

병풀 꽃(위) / 병풀을 원료로 한 치약(아래)   병풀 어린순

병풀

도 · 배양액 등의 환경을 인위적으로 조절해 식물의 생육에 있어서 최적 환경을 형성하며, 게르마늄 · 셀레늄과 같은 무기질을 추가하여 기능성을 높일 수 있으므로 미래형 농업이다. 「병풀 잎에서 triterpene glycosides의 시기별 함량 변화」라는 논문은 가장 적절한 병풀의 수확 시기는 9월로 확인되었는데, 이는 일조량과 상관관계가 있다고 보이므로 자연광과 약리 작용의 상관관계는 식물공장에서 참고해야 할 부분이다.

〔이용〕

병풀은 생채로 우유와 갈아서 주스를 만들어 마시거나 말려서 차를 끓여 마신다. 병풀 잎으로 장아찌를 담기도 한다. 분말을 만들어 식품에 첨가하거나 수제 미용 비누, 팩이나 미스트를 만들 때 첨가한다.

〔연구 특허〕

특허를 살펴보면, 피부 개선용 기능성식품, 키토산을 이용한 병풀의 면역 증진용 식용 나노입자, 여성 및 임산부를 위한 기능성 허브식품, 여드름 피부 개선제, 병풀 및 자작나무 수액 등을 포함하는 화장품, 증식성 피부질환 치료제, 간세포 및 항 간섬유화 치료제, 심혈관 장애의 치료약, 기능성 마데카솔 비누, 탈모 방지용 샴푸 등을 제조할 때 병풀을 이용하고 있다.

병풀의 액상 배지 재배 방법도 특허로 출원된 바 있다.

병풍쌈

산나물의 여왕

- 영문명 Firm Indian plantain
- 학명 *Parasenecio firmus* (Kom.) Y.L.Chen
- 국화과 / 여러해살이풀

재배환경	북부 지방의 반음지 계곡 습기가 충분하고 물 빠짐이 좋은 경사지
성분효능	섬유질, 비타민 A · B / 항바이러스, 간 보호, 항산화 작용
이용	쌈 · 나물 · 장아찌 등의 식재료

〔특징〕

병풍쌈은 '병풍취'라고도 한다. 키는 1~2m까지 자라고 줄기에는 세로줄이 있다. 해발고도가 높고 겨울철 기온이 많이 내려가는 고산 습지에서 무리지어 자생한다. 우리나라 자생식물 중에서 잎의 크기가 큰 식물 중 하나다.

유사종으로는 개병풍·어리병풍이 있는데, 지리산 등 남부 지방에서도 발견되는 어리병풍은 크기가 병품쌈보다 작고, 개병풍은 멸종 위기 식물이다. 어린잎이나 줄기는 쌈·묵나물·무침·튀김·장아찌 등으로 이용한다. 곰취가 '산나물의 제왕'이라면 병풍쌈은 '산나물의 여왕'이다.

〔개화〕

7~9월경 연한 노란색의 꽃이 핀다.

〔분포〕

우리나라의 중북부 고산지대, 중국에 분포한다.

〔재배〕

잎의 크기가 크다는 것은 직사광선이 부족해도 잘 자라는 음지성 식물이라는 것이다. 재배 환경은 반음지 계곡의 습기가 충분하고 경사진 곳이 좋으나 물 빠짐이 나쁘면 뿌리가 상한다. 가을에 파종하여 겨울을 넘기게 하거나 냉장한 씨앗을 2월경 직파하여 재배한다.

모종을 구해서 심으면 여러 모로 편리하고 수확도 빠르다. 생육 초기에는 수분과 광량 조절을 잘해야 한다. 병풍쌈은 임간 재배 시 잎 두께는 광도가 낮을수록 적었고, 전광의 30%와 5%하에서 잘 생장하였다는 보고가 있다.

〔이용〕

생잎과 연한 줄기는 쌈이나 샐러드로 이용한다. 잎과 줄기로 된장과 마요네즈로 무쳐 먹거나 튀김을 하거나 장아찌를 담는다. 생선조림에도 어울린다.

병풍쌈 어린순(위) / 병풍쌈(아래)　　　　어리병풍(위) / 병풍쌈 크기 비교(아래)

병풍쌈 군락

개병풍

〔연구 특허〕

병풍쌈에 대한 연구는 많지 않다.

병풍쌈 추출물은 진통·소염·항바이러스·간보호·항산화·혈소판 응집 억제 등의 효능이 있다는 것이 최근 연구에 의하여 확인되었으므로, 기능성 쌈채소로 재배해 볼 만하다.

보검선인장

보검선인장

손바닥선인장 , 부채선인장

- 영문명 Prickly pear
- 학명 *Opuntia ficus-Indica* var. *Saboten*
- 선인장과 / 여러해살이 다육식물
- 생약명 仙人掌(선인장), 仙掌子(선장자)

재배 환경	남부 지방의 물 빠짐이 좋고 강한 햇볕이 드는 서남해안
성분 효능	식이섬유 · 무기질 · 안초시아닌 · 폴리페놀 / 항산화 작용, 열해독(淸熱解毒), 행기활혈(行氣活血)
이용	잼 · 발효액 · 발효주 등의 식음료 재료, 건강기능성식품, 화장품 원료, 접촉성 피부염 치료제

〔특징〕

보검선인장은 우리나라에 자생하는 유일한 토종 선인장이다. 줄기의 모양을 따라 '손바닥선인장' 또는 '부채선인장'이라고도 하지만 「국가표준식물」 목록의 국명은 '보검선인장'이다. 제주도나 서남해안에 자생하는 것은 열대 아메리카의 선인장 열매가 해류를 타고 다니다가 우리나라 바닷가에 정착한 것으로 보인다. 선인장에서 잎처럼 보이는 것은 줄기이고, 가시는 변형된 잎이다.

초여름에 노란색 꽃이 피고 가을이 되면 자주색의 열매를 맺는데, 줄기와 열매 모두 식용하거나 약용한다. 줄기와 열매에는 식이섬유, 칼슘·철분 등의 무기질이 풍부하고, 핑크빛이 도는 빨간 열매에는 항산화 성분인 안토시아닌과 폴리페놀이 풍부하며 상큼한 맛이 있는데 잘라 보면 단면도 붉다. 제주도에 자생하는 것은 '백년초', 육지의 것은 '천년초'라고 따로 부르기도 한다. 백년초는 직립하는 반면 천년초는 땅바닥에 낮게 눕는 경향이 있다.

한방에서는 선인장의 줄기나 뿌리를 약용하는데 청열해독(淸熱解毒)·행기활혈(行氣活血)의 효능이 있어서 심장병·위장병·류머티즘·열병 등에 이용하지만 성질이 차므로 장기간 과용하는 것은 좋지 않다.

〔개화〕

5~6월경 노란색의 꽃이 피고, 열매는 10~11월경 자주색으로 익는다.

〔분포〕

우리나라의 제주도, 서남해안 섬 지방, 미국, 멕시코, 중남미, 이탈리아.

〔재배〕

열매 자체를 심거나 줄기를 잘라서 삽목하여 번식시킨다. 봄에 심으면 다음해 11~12월 열매를 수확할 수 있다. 건조에 강하여 배수가 잘되는 토양이 좋고, 추위에도 견디는 편이지만 강한 햇볕이 있는 따뜻한 곳에서 번식이 잘되므로 서남해안 지방에서 재배하는 것이 여러 모로 유리하다. 제주도에서만 150여 ha가 재배되

보검선인장 꽃

보검선인장 열매

보검선인장 군락

고 있다.

〔이용〕
줄기나 열매를 이용하여 잼 · 술 · 샐러드 · 피클 · 식초 · 발효 추출액 · 발효주 등을 만든다. 자색의 열매는 물김치를 담그는 데 넣어서 홍자색의 색감과 기능성을 이용하기도 하고, 적색 색소를 추출하여 식품첨가물로 이용한다. 녹색의 줄기 또는 홍자색의 열매를 분말로 만들어서 칼국수나 각종 면 요리에 첨가하면 맛과 색, 향을 더할 수 있고, 수제 미용 비누나 미스트를 만드는 데 첨가한다.

〔연구 특허〕
최근 특허에 의하면 선인장 추출물이 신경세포 보호 작용이 있어서 뇌신경 질환이나 심혈관 질환에 치료제, 학습 및 기억력을 증진시키는 기능성 식품의 소재가 된다. 또한 선인장 추출물은 자궁경부암의 성장 억제 및 사포 사멸 효과 있고, 간 독성 질환을 치료하거나 예방하며, 항비만 활성도 있고 접촉성 피부염 치료약 또는 화장품의 원료로도 이용되고 있다.

붉나무

소금이 맺히는 나무

- 영문명 Nutgall tree
- 학명 *Rhus javanica* L.
- 옻나무과 / 낙엽 활엽 소교목
- 생약명 鹽膚木(염부목), 鹽膚子(염부자), 오배자(五倍子)

재배 환경	우리나라 전역의 산기슭, 밭둑, 절개지, 기타 유휴지
성분 효능	플라보노이드 · 페놀 · 탄닌 / 혈당 강하, 항염증 · 항암 작용
이용	묵나물 · 두부 간수 · 식초 등의 식재료, 천연 도료, 피부염 치료제

〔**특징**〕

붉나무는 키가 7m까지 자란다. 가을에 붉은 단풍이 제일 빨리 들며, 옻나무과에 속하지만 같은 과 식물 중에서 독성은 가장 약하다. 붉나무는 시골 민가 가까이에서도 흔하게 볼 수 있는 나무로서 산기슭의 척박한 지형에서도 잘 자란다. 잎은 옻나무와 비슷하지만 줄기에 잎날개가 있는 것이 특징이다. 꽃은 꿀이 많아서 벌과 나비 등 온갖 곤충들이 많이 찾는다.

열매는 10월경 노란빛을 띤 붉은색으로 익는데 껍질에는 시고 짠맛이 나는 사과산칼슘의 결정이 맺히므로 야생동물들이 좋아한다. 붉나무 자체에도 그러한 성분이 있으므로 '염부목(塩膚木)'이라 하고, 붉나무는 가지ㆍ열매ㆍ오배자 등이 귀하게 쓰인다고 하여 '천금목(千金木, 문헌에 따라 황칠나무를 천금목이라 하기도 한다)'이라고도 한다.

붉나무에 들어 있는 항산화 물질은 플라보노이드ㆍ페놀ㆍ탄닌 등이다.

〔**개화**〕

8~9월경 황백색의 자잘한 꽃이 피고, 개화기에 오배자면충이 감염되면 나무의 진액이 씨방을 감싸서 벌레혹(충영)이 생긴다.

〔**분포**〕

우리나라의 전 지역의 산지(100m~1,300m), 중국, 일본 등 동아시아에 널리 분포한다.

〔**재배**〕

붉나무는 토질을 가리지 않고 메마르고 척박한 곳에서도 잘 자라므로 산기슭이나 밭둑, 절개지나 기타 유휴지에 심는다. 번식은 가을에 익은 열매를 모래에 묻어 두었다가 이듬해 육모로 파종해서 키운다. 뿌리를 잘라서 삽목해도 잘 자라는 편이고 병충해에도 강하므로 식재 후 초기 관리만 잘하면 시비나 농약을 사용하지 않고 재배할 수 있다.

붉나무 어린 잎(위) / 붉나무 열매(아래)　　　　오배자

오배자

야생의 어린 개체를 이식해도 잘 자라는 편이다. 붉나무 묘목만 전문으로 키우는 곳도 있다.

[이용]

민간에서는 열매를 가루 내어 피부염 치료약으로 썼다. 어린순은 데쳐서 묵나물을 만들고 열매의 소금 성분을 녹여서 두부 간수를 만들거나 발효 식초를 만들기도 한다.

붉나무의 수액은 옻칠처럼 칠기 재료로 이용한다. 개화기에 오배자면충 때문에 만들어진 벌레집(오배자)은 잉크나 염료로 이용하고 피부 노화 방지의 효과가 있으므로 화장품의 원료가 되며, 오배자나 열매를 가루 내어 천연의 수제 비누나 연고의 재료로도 이용한다.

[연구 특허]

붉나무 추출액을 이용한 기능성 소금 제조에 관한 특허도 있고, 각종 백숙이나 탕류의 첨가 재료로 이용되고 있다. 오배자에서는 각종 염증이나 암의 전이를 막는 물질이 발견되었으며, 비브리오균 등의 어병세균이나 헬리코박터균, 식물의 바이러스 등 각종 세균에 대한 강한 항균 작용도 확인되었다. 또는 혈소판 응집 억제 작용을 하므로 항 혈전 작용을 나타낸다는 연구도 있다. 붉나무(천금목)로 식혜를 만들어 먹을 수 있고, 껍질 달인 물로 밥을 짓고 밀가루와 누룩가루를 넣어 발효시키면 '천금주(千金酒)'라는 전통 발효주가 된다.

비수리

비수리

밤에 빗장을 열어 주는 약초

- 영문명 Sericea lespedeza
- 학명 *Lespedeza cuneata* G.Don
- 콩과 / 여러해살이풀
- 생약명 夜關門(야관문)

재배 환경	우리나라 전역의 습기 있고 물 빠짐이 좋은 땅
성분 효능	피니톨 · 플라보노이드 · 탄닌 · 베타시토스테롤 / 항균 작용, 강장 효과
이용	차 · 술 등의 식음료 재료, 공예품 재료, 한약재

〔특징〕

비수리는 '야관문'이라는 생약명으로 더 잘 알려진 식물로, 산기슭이나 황폐한 땅, 도로변 언덕 절개지 등에 흔히 볼 수 있다. 유사종으로 땅비수리와 호비수리가 있다. 야관문은 '이것을 복용한 남자와 하룻밤을 지낸 여자가 밤에 빗장을 열어 주는 약초[夜關門]'라는 뜻처럼 남성들의 정력에 좋은 약초로 널리 알려져 있다. 몽정·유정·음위증 등을 치료하는 특유 물질을 함유하고 있어 양기 부족·조루·기력 회복에 약리 효과를 보이고 있으며, 천식·당뇨·종기·안 질환 등에도 쓰이고, 항균 작용 효과도 있다.

야관문은 맛이 약간 쓰고 매우며, 약성은 따뜻하고, 약간 시원한 성질을 가졌다. 동물실험에서도 진해거담·천식·자궁에 대한 작용·항균 작용 등이 밝혀져 약효가 입증된 바 있다. 연구 결과 피니톨·플라보노이드·탄닌·베타시토스테롤·큐엘세틴·캄페롤·비텍신·페놀성 성분·알코올성 특수 물질 등이 있어 남성의 강장 효과와 각종 질병에 약효를 나타내고 있다.

〔분포〕

우리나라 전역, 일본, 중국, 대만 등지에도 분포한다.

〔개화〕

8~9월에 흰색의 꽃이 피고, 10월에 잔털이 있는 암갈색 열매가 익는다.

〔재배〕

배수가 잘되는 땅이면 전국 어디서나 재배 가능하다. 씨앗으로 번식하며 파종 시기는 3월 중순에서 4월 중순 사이이다. 밭에 거름을 뿌리고 두둑을 만든 뒤 비닐이나 천으로 멀칭하여 씨를 뿌리면 풀을 방지할 수 있다.

〔이용〕

옛 의서에 따르면 신장과 간, 폐의 건강에 이롭고, 어혈을 제거하고 부기를 가라앉

비수리 꽃   가을 비수리

비수리

히는 효능이 있다고 한다. 한방에서 식물 전체를 거담·기관지염 치료제나 강장제로 이용한다. 꽃 필 무렵인 8~9월에 뿌리째 채취하여 잘게 썰어 햇볕에 말려서 약용한다. 차로 달여 마시거나 술을 담가 우려내어 마시는데, 야관문은 차보다 술이 더 효과가 있다고 한다. 꽃이 핀 상태에서 채취하여 술을 담근다. 예전에는 황폐한 땅에 사방 조림용으로 파종하기도 했다. 줄기는 광주리 또는 빗자루를 만들기도 한다.

〔연구 특허〕
최근 연구에 의하여 비수리 추출물의 항균 및 항산화 활성 또는 피부 창상 치유 및 광노화 억제 효과 등이 확인되었다. 또 비수리 추출물은 NO를 활성화하여 토끼의 음경 해면체에 대한 이완 효과가 있다는 실험도 있다.

　최근 특허에 의하면 비수리는 야관문차 외에도 막걸리나 민속주를 만드는 데 이용되고, 주름 및 피부 광노화 개선 기능성 화장품·탈모 예방 샴푸·여성 청결제 등에도 이용되고 있다.

비타민나무 열매

비타민나무

나무 전체가 비타민 덩어리

- 영문명 Thorn sallow
- 학명 *Hippophae rhamnoides* L.
- 보리수과 / 낙엽 활엽 관목

재배 환경	중부 지방의 일조량이 풍부한 곳. 어린 묘목이거나 개화기에는 수분 관리 필요
성분 효능	폴리페놀류, 토코페롤, 카로티노이드, 플라보노이드 / 항산화 · 항염증 작용
이용	음료 · 떡 · 김치 등의 건강 식재료, 화장품 원료, 비만 치료제

〔특징〕

비타민나무는 중국 · 몽골 등이 원산지로, 나무 전체에 비타민 성분이 풍부하여 우리나라에서 '비타민나무'라고 부른다. 열매에는 폴리페놀류 · 토코페롤 · 카로티노이드 · 플라보노이드 등이 함유되어 있어서 뛰어난 항산화 효과를 나타내며 피부질환 및 상처 · 화상 · 염증 치료에서도 효과를 확인하였다. 인도에서는 열매 차를 만들어 마시는데, 약간의 최음 효과가 있는 것으로 알려져 있다. 열매에 들어 있는 비타민 C는 포도의 265배, 레몬의 6배에 달하며, 잎에는 퀘세틴(quercetin) · 갈릭산(gallic acid) · 탄닌(tannin) 등의 생리 활성 물질이 함유되어 세포 독성 · 항암 등에 효과적이라는 연구가 있고, 항산화 · 항노화 · 세포 보호 효과도 검증된 바 있다.

〔분포〕

우리나라 전역에서 재배하고, 중국, 몽골, 러시아, 유럽, 캐나다 등에 분포한다.

〔개화〕

4~5월경 꽃이 피고, 열매는 9~10월경 노랗게 익는다.

〔재배〕

내한성과 내건성이 강하여 우리나라 전역에서 재배할 수 있다. 종자 번식은 어려우므로 묘목을 구해서 심는 것이 여러 모로 편리하다. 비타민나무는 암수가 다르므로 열매를 맺는 암나무와 꽃가루를 만드는 수나무를 같이 심어야 한다. 심는 시기는 늦가을에 옮겨 심으면 나무가 휴면 상태에서 자리를 잡는다. 티베트나 몽골과 같이 메마르고 척박한 땅에서 자라는 강인한 식물이므로 토양을 가리지 않지만 일조량은 많아야 한다. 어린 묘목이거나 개화기에는 수분 관리를 해 수는 것이 좋다.

〔이용〕

비타민나무의 잎은 차를 끓여 마시거나 밥을 지을 때도 넣는다. 분말을 만들어 칼

비타민나무 새순   비타민나무 열매

비타민나무

국수나 떡을 만들 때 첨가한다. 잎과 열매로 발효액을 만들어서 음료나 각종 요리에 첨가하기도 하고 발효주나 발효 식초를 만들 수 있고, 김치를 담기도 한다.

비타민나무 수액을 염증에 바르면 소염작용을 한다. 최근 연구에 의하여 항산화 활성과 항균 활성 · 항종양 효과 · 아토피 피부염에 미치는 효과 등이 확인되었다.

〔연구 특허〕

특허에 의하면, 비타민나무 추출물을 음료수나 커피에도 첨가하고, 비타민나무 식혜 · 증류주 · 막걸리를 만든다. 간장, 된장의 재료가 되고, 생선이나 조미 김의 산패를 막는다는 내용의 특허도 있다. 또 남성 갱년기증후군 치료, 퇴행성 뇌질환, 우울증을 치료하고, 혈전증 예방 또는 지질 개선, 비만 치료약을 만드는 데 비타민나무를 이용하고 있으며, 피부 미백 화장품도 만든다. 또 사과나무를 재배할 때 비타민나무 추출물을 엽면 분무하고, 버섯을 재배할 때는 비타민나무 분말 배지를 이용하면 사과나 버섯이 비타민나무의 유용한 성분을 함유하고, 병충해에 강해지므로 생산량을 증가시키는 효과가 있다는 특허도 있다.

비파

비파나무

탐스런 노란 열매 그윽한 향기

● 영문명 Liquat
● 학명 *Eriobotrya japonica* (Thunb.) Lindl.
● 장미과 / 상록 활엽 소교목
● 생약명 批杷(비파)

재배 환경	남부 지방(제주도나 남해안 지역)의 월동이 가능하고 북서풍과 태풍이 오지 않는 곳
성분 효능	사과산 · 과당 · 카로틴 / 항산화 효과, 항암 효과
이용	꽃차 · 잎차 · 가지차 · 발효액 · 술 등의 식음료 재료, 비만 치료제, 화장품 원료

〔**특징**〕

비파나무의 원산지는 일본·중국·동남아이며, 우리나라 남해안에서 재배하는 식물이다. 잎의 전면은 짙은 녹색으로 매끈하지만 뒷면은 작은 털이 있다. 씨로 번식하며 높이는 5~10m 정도이다. 비파나무 열매는 다량의 유기산(사과산)과 과당, 카로틴(비타민 A)을 함유하고 있어 소염 작용과 항산화 작용을 하며, 심장병의 호흡 진정·변비·냉증에 효과가 있으며, 갈증을 해소하고 기를 밑으로 내리는 효능이 있어 위장·폐·간장에 좋을 뿐만 아니라 폐병에 의한 해수·토혈·비혈·조갈·구토를 치료하는 데 유용하다고 알려져 있다.

『한국항암본초』나 일본 민간의학 등에서는 각종 암이나 관절염 치료에 비파엽 요법으로 효과를 보았다는 기록이 있다. 신선한 비파엽을 구워서 환부의 피부 위에 눌러 문지르면 암이나 관절염의 통증이 가시고 호전되었다고 한다. 새잎보다는 묵은 잎이 효과가 있다고 한다. 비파나무는 잎·줄기·열매·뿌리 등 나무 전체가 좋은 약제이고, 열매나 잎 등은 식품 또는 식품 첨가물이나 화장품 원료 등으로 이용될 여지가 많은 식물이다. 하지만 비파나무에 대한 연구는 아직 시작 단계에 불과하다. 또한 비파엽의 아미그달린 성분의 약용에 대한 부정적인 보고도 있다.

〔**개화**〕

10~11월경 흰색의 꽃이 피고, 6~7월경 열매가 노랗게 익는다.

〔**분포**〕

우리나라 남부 지방, 중국, 일본, 인도, 베트남, 태국, 인도네시아에 분포한다.

〔**재배**〕

비파는 겨울철에 개화하고 다음해 여름에 열매가 익는 내한성이 약한 상록성 식물이다. 잎과 가지가 큰 반면 뿌리는 깊게 내려가지 않으므로 바람에 취약하고 습도가 높은 토양에서 재배하는 것은 적합하지 않으며, 겨울철에 영하 이하로 내려

비파나무 꽃(위) / 어린 열매(아래)   비파 술

비파나무

가는 지역은 안정적인 재배가 어렵다. 제주도나 경남 전남의 남해안 지역 등 월동이 가능하고, 가급적 북서풍을 막아 주는 지형이 적합하며 태풍을 막아 주는 지형이면 더욱 좋다. 지구온난화에 따라 재배 적지도 중부까지 확대될 전망이지만 언 피해[冬害]로 고사하는 경우가 있을 수 있다. 파종해서 키우지만 묘목을 구해서 심는 것이 여러 모로 편리하고 수확도 빠르다. 육종한 우량 품종이 여러 종 있다.

〔이용〕

잎으로 잎차를 만들어 마시는데 구취가 없어진다. 배앓이나 식중독에는 비파나무 가지로 차를 끓여 마신다. 비파 꽃차는 스트레스 해소와 입맛을 돌아오게 한다. 열매는 생으로 먹거나, 비파청을 만들어서 발효주나 발효 식초를 만든다. 관절염에는 비파 잎을 데워서 환부에 찜질해 주거나 비파잎주로 찜질을 해 주며, 뿌리를 달여 먹기도 하지만 사용에 있어서 주의를 요한다.

〔연구 특허〕

특허를 살펴보면, 비만·당뇨병 치료제, 근육 감소증 예방 또는 치료용 조성물, 퇴행성 뇌질환 치료약, 알코올성 간질환의 치료제, 모발 성장 촉진용 화장료, 아토피 피부염 예방 및 치료용 약제학적 조성물, 위생 증진용 조성물, 비파식초, 과일주스, 비파나무 잎을 이용한 조미 김 등 다양한 특허가 출원되고 있다.

뽀뽀나무

내한성 뛰어난 항암 열매

- 영문명 Pawpaw
- 학명 *Asimina triloba* (L.) Dunal
- 포포나무과 / 낙엽 활엽 교목

재배 환경	중부 지방의 햇볕과 수분이 충분하고 물 빠짐이 좋은 토양
성분 효능	아세토게닌 / 비만 개선, 항암 효과
이용	차 · 가공식품 원료, 항암 약재

[특징]

뽀뽀나무는 미국 · 캐나다 등 북아메리카가 원산지로, 키는 4~12m 정도이다. 과일을 먹을 수 있고 꽃이 특이하여 전 세계적으로 널리 재배하고 있으며, 우리나라에도 최근 재배하는 농가가 늘어나고 있다. 밤색의 꽃에서는 두리안과 비슷한 효모 냄새가 나므로 향기롭지는 않다. 유사종에는 흰 꽃이 피는 아시미나 스페키오사(A. speciosa), 노란 꽃이 피는 아시미나 앙구스티폴리아(A. angustifolia) 등이 있는데, 열매는 모두 바나나 또는 으름 열매와 비슷한 모양이다. 망고 · 파인애플 · 바나나의 맛을 합친 듯한 상큼한 맛이 난다.

잎과 씨앗은 약용하는데, 항암 성분이 많이 들어 있다. 인디언들은 종자를 가루 내어 머리를 감았다. 단백질 함유량이 높은 반면 칼로리는 적어 다이어트에 좋은 과일이지만 열매를 만지고 피부 과민 반응이 일어나는 경우도 있다.

[개화]

4~5월경 자주색의 꽃이 피고, 열매는 9~10월경 녹황색으로 익는다.

[재배]

잎과 수피는 천연 살충 성분이 있어서 병충해에 강하므로 잡초와 함께 키워도 잘 자라며, 내한성도 강하므로 우리나라 전역에서 재배할 수 있다. 햇볕과 수분을 좋아하지만 과습에 약하므로 배수가 잘되는 토양에서 재배하는 것이 좋다. 주로 종자로 번식한다. 어린 묘목의 경우 반음지를 좋아하며, 내한성이 약해 보온의 관리가 필요하다. 접목은 3~4년, 종자 번식묘는 6~7년 정도 지나야 열매를 수확할 수 있다.

[이용]

말린 잎은 차를 끓여 먹는데 향이 좋고 항암 효과가 있다. 열매는 단백질 · 불포화지방산 · 비타민 · 철분이 풍부하여 잼이나 젤리 · 아이스크림 등 가공식품으로도 활용될 수 있다. 뽀뽀나무는 과도하게 이용하면 구토를 일으키는 경우가 있다. 식

뽀뽀나무 꽃(위) / 뽀뽀나무 열매(아래)　　　뽀뽀나무 줄기

뽀뽀나무

품으로 이용하는 데에는 안전성 연구가 충분하지 않으므로 임신부나 노약자는 조심하는 것이 좋다.

[연구 특허]

최근 연구에 의하면, 뽀뽀나무의 아세토게닌 성분이 항암 작용을 하는 것으로 밝혀졌다. 아세토게닌은 아노나속의 그라비올라 · 아떼모야 · 슈가애플 등의 열대식물에 함유되어 있고, 우리나라의 흔한 식재료인 우엉 꽃이나 뿌리에도 함유되어 있는 성분이다. 아세토게닌은 미토콘드리아 내의 NADH라는 조효소를 차단하여 세포 내의 ATP(adenosine triphosphate) 생산을 억제하는 작용을 한다.

뽀뽀나무 추출물은 세포가 ATP를 생산하는 것을 감소시켜 세포 내의 전압을 떨어뜨린다. 정상 세포에는 충분한 ATP가 있어서 별 문제가 없으나 암세포는 발효를 통해 에너지를 생산하기 때문에 정상 세포보다 10~17배 더 많은 에너지가 필요하고, 따라서 상대적으로 아주 큰 영향을 받아 전압이 크게 떨어져서 암세포 자체가 분해되는 작용을 한다. 1992. 12. Rupprecht JK 등의 연구에 의하면, 잔가지에서 아세토게닌 추출량이 가장 많았고, 익지 않은 과일 · 씨앗 · 뿌리 및 줄기 껍질에서도 추출되었으나, 목재나 잎에는 비교적 소량이 함유되어 있다고 한다.

국내 연구로는 종자의 항종양성, 살충 작용 및 생리 활성 작용의 큰 잠재력이 확인되었고, 뽀뽀나뭇잎차 · 막걸리 · 음료 등의 제조 방법에 관한 특허가 출원된 바 있다.

뽕나무(산뽕나무)

모든 것을 내어 주는
나무 중의 나무

- 영문명 White Mulberry / Korean mulberry
- 학명 *Morus alba* L.
- 뽕나무과 / 낙엽 활엽 교목
- 생약명 桑(상)

재배 환경	우리나라 전역의 토양이 비옥하고 물 빠짐이 좋은 경사지
성분 효능	당분 · 카로틴 · 탄닌산 · 사과산 · 비타민 · 정유 / 성인병 개선
이용	나물 · 잎차 · 가지차 · 술 등의 식음료 재료, 한약재, 상황버섯 재배목, 자목재

〔특징〕

뽕나무는 오래 전부터 우리 민족의 생활과 밀접한 관계를 이어 온 나무이다. 누에를 치기 위해 많이 재배했던 나무로, 잎은 기본적으로 누에의 먹이로 쓰고, 장아찌나 차를 만들어 사람도 먹고, 검붉게 익은 열매는 생으로 먹거나 술이나 잼을 만들어 먹는다. 나무 자체는 가구용 목재로도 이용하는 등 용도가 매우 다양한 자원 식물 중 하나다. 유사종으로 산뽕나무 · 섬뽕나무 · 돌뽕나무 · 꼬리뽕나무 · 꾸지뽕나무 등이 있다.

뽕나무는 버릴 깃이 하나도 없는 유용한 나무로, 열매인 오디에는 당분, 카로틴, 탄닌산, 사과산, 비타민 B_1 · B_2 · C 등이 들어 있고, 잎에는 당분, 카로틴, 비타민 C · B_1, 엽산 · 탄닌질, 정유가 들어 있다.

약용으로는 뽕나무를 태운 재는 상회(桑灰), 뽕나무 뿌리껍질은 상백피(桑白皮), 뽕나무 가지는 상지(桑枝), 뽕나무 잎은 상엽(桑葉), 뽕나무 열매는 상심자(桑椹子), 뽕나무 겨우살이는 상기생(桑寄生), 산뽕나무에 달린 목질진흙버섯은 상황(桑黃)버섯으로 칭하는 등 뽕나무는 거의 모든 부위를 이용하는 나무이다.

〔개화〕

5~6월경 녹색의 꽃이 피며, 암수 꽃이 다른 나무인 자웅이주가 대부분이고, 바람에 의해 수분이 되는 풍매화에 속한다.

〔분포〕

우리나라 개마고원 이남의 전역, 중국, 일본, 연해주에 자생한다.

〔재배〕

토양이 비옥하고 물 빠짐이 좋은 경사지에 잘 자란다. 내한성이 강하고 공해나 건조에는 약하다. 햇볕이 부족한 그늘에서는 잘 자라지 못한다고 알려져 있지만 1,000m급 고산 음지에서도 자생한다. 번식은 그해 새로 나온 가지를 잘라서 발근시켜 묘목으로 만든다.

뽕나무 새순(위) / 오디   뽕나무 뿌리(위) / 상황버섯(아래)

뽕나무

〔이용〕

뽕나무는 고혈압이나 당뇨 등의 성인병에 좋다. 뽕나무 잎으로 누에를 치는데 뽕나무 잎을 먹고 자란 누에도 약용한다. 누에는 꾸지뽕잎을 먹이고 길러서 약용하기도 한다. 뽕나무의 봄철 연한 잎은 데쳐서 쌈채소로 이용하거나 묵나물 또는 뽕잎차를 만들고, 나물밥을 만들거나 가루 내어 수제비 반죽에 첨가한다. 뽕나무 가지, 즉 상지(桑枝)로 차를 만들어 마시면 비만증을 치료하는 데 도움이 된다. 덜 익은 열매와 잎을 함께 장아찌로 만들면 열매의 아삭한 식감이 보태져서 매우 훌륭한 밑반찬이 된다. 검붉게 잘 익은 열매는 '오디'라고 하는데 날로 먹거나 요구르트와 함께 갈아서 과일 주스를 만들기도 하고, 술을 담그거나 설탕과 발효시키거나 잼을 만든다.

오래 되어 열매가 많이 달리지 않는 뽕나무는 상황버섯을 접종해서 상황버섯을 키울 수도 있고, 겨울에 채취한 겨우살이 열매를 살아 있는 가지에 붙여두면 뽕나무겨우살이를 재배할 수도 있으며, 봄철에는 뽕나무 수액을 채취하는데 구내염 등의 민간약으로 이용하였다. 뽕나무는 버릴 것 하나 없는 약나무로서 자라는 이끼나 벌레까지 뽕나무에 붙어서 기생하는 모든 것을 약으로 사용한다. 재배하는 뽕나무보다 깊은 산속에서 자라는 야생 산뽕나무가 더욱 효과가 있으므로 산뽕나무를 재배해 보는 것도 좋겠다. 산뽕나무 잎은 가장자리에 심한 결각(缺刻)이 있거나 흔적이 있는 반면 재배하는 뽕나무는 결각이 없다. 산뽕나무 열매는 작아서 채취하기 힘들다.

〔연구 특허〕

최근 연구에 의하면, 잎은 혈청 및 간장의 지질 농도를 낮추고, 뽕나무 줄기의 속껍질에는 단백질 분해 효소가 있으므로 육류 요리에 응용할 수 있으며, 뿌리껍질에는 면역 조절 효능이 있다는 점이 밝혀졌다.

특허에 의하면, 뽕나무 추출물은 간경화나 호흡기질환을 치료하고, 알레르기 및 대장염 치료약이 되며, 고지혈증이나 암 치료, 암의 전이 억제용 약품이 된다는 등의 많은 특허가 출원되고 있다.

산겨릅나무

산겨릅나무

산청목

- 영문명 East Asian stripe map
- 학명 *Acer tegmentosum* Maxim.
- 단풍나무과 / 낙엽 활엽 소교목
- 생약명 靑楷槭(청해척)

재배 환경	북부 지방의 바위가 많고 경사가 급하며 습기가 충분한 부식질 토양
성분 효능	플라보노이드 / 간암 · 간경화 · 백혈병 등 일체의 간 질환에 효과
이용	쌈 · 김치 · 장아찌 · 잎차 등의 식재료, 한약재, 숙취 해소제

〔특징〕

산겨릅나무는 중부 이북의 표고 500m 이상의 깊은 산 계곡 상단부의 음지에 자생하며, 키는 15m까지 자란다. 잔가지가 녹색이어서 '산청목', 나뭇잎이 6각형 벌집 모양이라 하여 '벌나무'라고도 한다. 잎은 단풍나무과 식물 중 가장 크고, 가지는 마주나기로 나며, 나무껍질은 녹색에 흰색의 세로 줄이 있는데 섬유질이 강하여 새끼줄 대신 사용하기도 했다. 예전 심마니들은 넓게 벗긴 산겨릅나무의 껍질에 채취한 산삼을 싸서 가져 왔다.

산겨릅나무는 한방에서는 주로 간 질환에 약용해 왔다. 잎은 생채 또는 장아찌를 만들어 먹고, 목재는 가구나 악기를 만들며, 잔가지와 나무껍질은 약용한다. 『신약(김일훈, 1990)』에는 간암·간경화·백혈병 등 일체의 간 질환에 효과가 있다고 설명하고 있다. 산겨릅나무의 간에 대한 약성은 오행 원리상 잔가지나 껍질의 청색에 있다(녹청색은 간을 보호하고, 오가피·정공등·해동피·지골피 등과 같이 나무를 한약재로 이용할 때는 주로 껍질을 이용함). 채취 시기는 나무에 물이 오르는 해동 직전의 봄철이 좋다.

〔개화〕

4~5월경 노란색의 꽃이 피고, 9~10월경 열매를 맺는다.

〔분포〕

우리나라 지리산, 강원도, 백두대간, 함경도, 평안도, 중국 북동부, 극동러시아에 분포한다.

〔재배〕

자생 환경을 살펴보면, 고산의 음지성 계곡 상단부 바위가 많고 경사가 급한 곳에 많이 분포되어 있고, 부식질이 많고 습기가 충분한 곳에서 잘 자란다. 어린 개체를 이식할 수도 있고, 가을에 씨앗을 채취하여 직접 파종하거나 땅속에 묻어서 겨울을 나게 한 뒤 봄에 파종하기도 한다. 전문적으로 생산된 묘목을 구해서 심는 것

산겨릅나무 새순(위) / 산겨릅나무 꽃(아래)   산겨릅나무 잎(위) / 산겨릅나무 줄기(아래)

산겨릅나무

이 여러 모로 편리하다. 내음성이 강해서 따뜻한 곳이나 햇볕을 직접 받는 곳에서는 생육 상태가 불량해진다.

〔이용〕

봄철 연하고 부드러운 잎은 생으로 쌈을 싸 먹을 수 있고, 데쳐서 무치거나 볶기도 하며 김치나 장아찌를 담가 먹어도 좋다. 잎을 말려서 차로 마시거나 분말을 만들어서 고추장이나 조청 등 각종 음식을 만들 때 넣어도 된다. 잔가지와 나무껍질을 차로 우려내어 마시거나 발효 추출하여 숙취 해소 기능이 있는 식초를 만들고, 산겨릅나무에서 수액을 추출하며, 톱밥으로 느타리버섯도 재배한다.

〔연구 특허〕

강원대학교의 연구에 의하면, 산겨릅나무 추출물이 간암세포 · 위암세포 · 폐암세포 · 유방암세포주의 성장을 억제하는 데 효과가 있다고 하였다. 최근 식품의약품안전처의 식품 가능 원료로서 한시 승인을 받기도 하는 등 산겨릅나무의 이용 방법에 관한 새로운 연구들이 이어지고 있다. 다만 고산 극냉지에 서식하는 나무로서 찬 기운을 품고 있으므로 몸이 찬 사람이나 설사를 자주 하는 사람은 주의하는 것이 좋다.

최근 특허에 의하면, 산겨릅나무의 열수 추출물이 숙취를 해소하는 음료가 되고, 간 질환 치료 · 콜라겐 합성의 촉진 · 위염 및 소화성 궤양을 치료하며, 산겨릅나무와 후박나무의 혼합 추출물은 당뇨 또는 당뇨합병증에 효과 있다는 특허도 있다. 경희대학교에서는 벌나무 추출물이 스트레스 또는 우울증을 예방하거나 치료한다는 특허를 출원하기도 하였다. 또 말굽버섯 및 산겨릅나무의 혼합 추출물이 정신장애를 치료하는 약이 된다는 동의대학교의 특허도 있다. 산겨릅나무에도 말굽버섯이 달리는데 그 말굽버섯은 더욱 귀하게 취급된다.

산마늘

산마늘

행자 마늘

- 영문명 Alpine broad-leaf allium
- 학명 *Allium microdictyon* Prokh.
- 백합과 / 여러해살이풀
- 생약명 小蒜(소산)

재배환경	북부 지방이나 울릉도의 해발 600m 이상의 고랭지
성분효능	알리신 · 무기질 · 비타민 · 아연 / 소화불량 · 복통 개선, 면역력 증진
이용	쌈 · 생채 · 장아찌 등의 식재료, 한약재, 간염 치료제

〔특징〕

산마늘은 식물 전체에서 마늘 냄새가 나는 예전부터 이용하던 산나물의 하나다. 우리나라에서는 지리산·오대산·설악산 등의 높은 지대와 울릉도에 자생하고 있는 오대종이 있고, 울릉도에서는 춘궁기에 눈을 헤치고 이 나물을 캐어다 삶아 먹으면서 생명을 이었다고 하여 '명이나물'이라고 한다. 예전에는 뿌리를 이용한 것으로 보이지만 보통 연한 잎을 나물로 하거나, 김치·장아찌를 담아 먹는다. 명이나물이라고 하는 울릉산마늘(*Allium ochotense* Prokh.)이라는 종이다. 기후 생태적으로 다른 진화 과정에 의해 파생된 것으로서 울릉종에 비하여 오대종은 잎의 수가 많고, 잎이 좁으며, 마늘 향이 강하다. 서양에서도 '곰마늘'이라고 하여 식용한다.

산마늘의 향은 황화아릴 성분으로서 입맛을 자극하며, 각종 무기질과 비타민 등이 풍부하여 우수한 식품으로 평가 받고 있다. 특히 아연 성분은 배추의 37배 정도 함유되어 있으므로 강장식품으로 간주되고 있다. 산마늘은 파와 비슷한 비늘잎이 있는데 길이는 4~7cm이며 약간 굽은 피침형이다. 일본에서는 '행자마늘'이라 하는데 산속의 수도승이 즐겨 먹었던 나물이기 때문이라고 한다.『동의보감(東醫寶鑑)』에서는 '소산(小蒜)은 매운맛이 있고, 비장과 신장을 돕고, 몸을 따뜻하게 하고, 소화를 촉진한다'라고 하였으며, 뱃속의 기생충을 없애고 뱀에 물린 데 효과가 있다고 한다.

〔개화〕

5~7월경 흰 꽃이 핀다.

〔분포〕

우리나라 강원 북부 지방, 일본, 중국, 몽골, 시베리아 능에노 분포한다.

〔재배〕

오대종 산마늘의 자생 환경은 1,000m 이상의 고산이고, 4월 말 또는 5월 초순에 새순이 돋아나오는데, 이때는 나뭇잎이 없어서 햇볕을 듬뿍 받아서 자라다가 여

산마늘 어린순

산마늘 꽃(위) / 산마늘 채취(아래)

산마늘 군락

름에는 반음지가 된다. 오대종 산마늘을 따뜻한 곳에 심으면 여름철에 기온이 20도가 넘어가면서 생육이 불량해지고 하고(夏枯) 현상이 발생한다. 따라서 초가을까지 잎이 고사되지 않고 푸른 상태를 유지할 수 있는 표고 600m 이상의 고랭지가 재배적지라고 할 수 있고, 잎의 품질을 유지하려면 어느 정도의 해가림(30~50% 정도)과 습도 관리가 필요한 것으로 보인다.

울릉종은 매운맛과 풍미는 다소 떨어지나 따뜻한 곳의 적응력이 높고 수량성이 높아 대부분 울릉종을 재배한다. 번식은 종자에 의한 실생 번식과 포기나누기로 하는데, 대량 재배 시는 종자를 이용하지만 3~4년이 소요된다. 소량 재배할 때는 모종을 심는 것이 여러 모로 편리하다. 시비는 퇴비, 깻묵 또는 계분을 밑거름으로 하고 깊게 갈아 주어 밭을 만든다. 심은 지 5년째부터 본격 수확할 수 있다. 고체배지에 증식시킨 산마늘 신초덩어리를 생물반응기 내의 액체배지에서 대량 생산한다는 특허도 있다.

〔이용〕

생채로 쌈을 싸서 먹거나, 무침 · 초절임 · 만두소 · 튀김 · 볶음 등 다양하게 요리해 먹을 수 있고, 염장 · 간장절임 · 장아찌 · 묵나물로 이용한다.

〔연구 특허〕

특허를 살펴보면, 산마늘 및 산부추를 포함하는 천연 조미료, 항산화 기능성 음료, 유산균을 이용한 기능성 발효 산마늘, 산마늘이 함유된 만두 제조 방법, 산마늘 절임식품의 제조 방법 등 식품과 관련된 특허들이 있다.

기능성과 관련되는 특허로는 액상발효법을 이용한 당뇨 또는 당뇨합병증 예방 또는 치료용 조성물, 혈전성 질환 또는 아테롬성 동맥경화증 예방 또는 치료용 조성물, 암 예방 또는 치료용 조성물, 고지혈증 질환의 예방 및 치료용 조성물, 간염의 예방 및 치료용 조성물 등의 특허가 있다.

산복사나무 열매

산복사나무

개복숭아

- 영문명 Pere David's cherry
- 학명 *Prunus davidiana* (Carrière) Franch.
- 장미과 / 낙엽 활엽 소교목
- 생약명 桃仁(도인)

재배 환경	우리나라 전역의 습기가 있으면서도 물 빠짐이 좋은 사질토
성분 효능	비타민 A·C, 식이섬유, 아스파라긴 산, 구연산(열매), 아미그달린(씨앗) / 피로 해소, 피부 미용, 면역력 개선 (열매), 기관지 질환 개선(씨앗)
이용	꽃차·발효액·장아찌 등의 식재료, 한약재, 천연 살충제

산복사나무는 우리나라와 중국의 산지에서 자생하는 야생 복숭아나무로서, 주로 민가 주변에서 밭둑이나 야산의 양지쪽에서 많이 발견된다. 재배 복숭아에 비하여 열매가 작고 맛이 없고 벌레도 많으므로 '돌복숭아' 또는 '개복숭아'로 부르기도 한다. 오래된 복사나무에는 목질진흙버섯(상황버섯)이 달린다.

과실은 매실과 비슷한 크기와 모양이지만 자잘한 털로 덮여 있고, 내부에 굵은 씨앗이 있는데, 한방에서는 '도인(桃仁)'이라고 하여 만성기관지염·폐농양·만성 간염·생리통 등에 한약재로 쓴다. 최근 열매가 피를 맑게 하고 기관지염과 풍습성관절염 등을 완화하는 데 효과적이라는 것이 알려지면서 가정에서 쉽게 만들 수 있는 발효액 재료로서 인기가 높다.

〔개화〕

4~5월경 연한 홍색의 꽃이 핀다.

〔분포〕

함경북도를 제외한 우리나라 전역의 야산, 중국에 자생한다.

〔재배〕

약간의 습기가 있는 지역을 좋아하지만 물이 잘 빠질 수 있는 사질토에서 잘 자란다. 양지성 식물로서 음지에서는 열매를 많이 맺지 못한다. 내한성이 강하여 우리나라 전역에서 재배할 수 있으나 언 피해를 입는 경우가 있다.

씨앗을 양파 망에 담아 땅속에 묻어 두었다가 이듬해 딱딱한 껍질이 벌어지면서 발아하면 모종으로 심는다. 최근에는 묘목을 전문적으로 생산하고 있으므로 묘목을 구하여 심으면 수확을 앞당길 수 있다. 야생에서의 조건과 비슷한 자연 농법으로 키울 수 있다.

산복사나무 꽃(위) / 산복사나무 풋열매(아래) 산복사나무 열매

산복사나무

〔이용〕

꽃은 꽃차를 만들거나 복사주를 담그고, 기미나 주근깨를 없애는 미용팩 재료로 이용한다. 열매는 주로 녹색일 때 수확하여 과실주를 담거나 설탕과 열매를 버무려 발효액을 만들어 음료수나 요리 재료로 이용하는데, 100일 정도 지나면 재료와 발효액은 분리해 주는 것이 좋다. 씨앗에는 비타민 B17인 '아미그달린(amygdalin)' 성분이 함유되어 있어 기관지 질환에 효과가 있지만 아미그달린은 청산배당체로서 독성이 있으므로 주의해야 한다. 발효액을 만든 뒤 남은 과육으로 장아찌를 담는다. 과육에는 비타민 A · C, 식이섬유, 아스파라긴산, 구연산 등이 들어 있어 피로 해소 · 피부 미용 · 면역력 개선 효과가 있다.

한방에서는 복숭아나무의 진을 '도교(桃膠)', 꽃은 '도화(桃花)', 씨앗을 '도인(桃仁)', 잎을 '도엽(桃葉)', 가지를 '도지(桃枝)'라 부르며 다양한 용도로 활용한다. 봄철 줄기에 상처를 내어 진을 모아서 림프 결핵 등을 치료하는 고약을 만들었으며, 잎은 천연 살충제로 활용한다.

〔연구 특허〕

복숭아나무에 목질진흙버섯(상황버섯) 균을 접종하여 상황버섯을 키울 수도 있다. 골질환 · 동맥경화 · 알레르기성 질환 치료에 이용된다는 내용의 특허가 있다.

산부추 어린순

산부추

야생 부추

● 영문명 Thunberg Onion
● 학명 *Allium thunbergii* G.Don
● 백합과 / 여러해살이풀
● 생약명 山韭(산구)

재배 환경	중부 지방의 물 빠짐이 좋고 비옥한 양토 또는 사양토
성분 효능	유황 화합물, 플라보노이드 / 항돌연변이 및 항암 효과
이용	잡채 · 전 · 김치 등의 식재료, 건강기능성식품,

〔특징〕

산부추는 백합과의 여러해살이풀이다. 학명 *Allium thunbergii* G.Don 중 속명인 *Allium*은 고대 라틴어로 '맵다'는 뜻이며, 종명 *thunbergii*는 명명자 이름이다. 키는 30~60cm 정도 되고, 뿌리는 인경이며, 길이가 2cm 정도이고 인경 밑부분에서 잔 뿌리가 내린다. 연한 잎과 뿌리는 식용하며, 구충제나 강심제로 쓰인다. 꽃이 아름 다우므로 관상용으로 화단에 심기도 한다.

재배하는 부추는 삼국시대 때 중국으로부터 도입된 것으로 추정되고 있다. 자 생종 부추에는 산부추 · 참산부추 · 두메부추 · 선부추 · 좀부추 · 한라부추 · 노랑 부추 · 물부추 · 돌부추 · 갯부추 등 20여 종이 있다. 최근에는 강원도나 울릉도에 자생하는 두메부추를 많이 재배하지만 산부추를 재배하는 경우는 드물다. 부추류 는 전 세계에 약 500여 종이 있으며 주로 북반구에 분포한다. 부추류에는 주로 유 황 화합물 및 플라보노이드 성분이 있다. 부추류의 씨에는 항균 · 거담(祛痰) 등의 작용이 있는 것으로 알려져 있다.

〔개화〕

8~9월경 보라색 꽃이 핀다.

〔분포〕

우리나라 전역의 산기슭에 자생하고, 대만, 만주, 일본, 중국에 분포한다.

〔재배〕

산부추는 토양은 특별히 가리지 않으나, 배수는 잘되지만 토양 습도가 유지되는 곳에 개체 수가 많다. 또 20℃ 전후에 잘 자라는 저온성 식물이지만, 5℃ 이하에서 는 생육이 정지되고, 25℃ 이상에서는 잎의 신장은 왕성하지만 마르거나 타 버린 다. 재배하는 곳은 배수가 양호하고 비옥한 양토 또는 사양토가 좋다. 번식은 종자 를 파종하는 것보다 주로 분주로 증식시킨다. 초기 생육기에는 수분 관리를 해 주 어야 한다. 최근 많이 재배하고 있는 두메부추는 대량 재배할 경우 실생 번식시키

두메부추

한라부추

산부추 채취

산부추 꽃

는데, 10월경에 종자를 파종하거나 저온에서 저장한 뒤 봄에 파종해도 된다. 소량 재배할 경우 포기나누기하여 증식시키는 것이 여러 모로 편리하다. 기타 참산부추, 돌부추 등도 재배해 볼 가치가 충분하다.

[이용]

산부추는 잡채 · 부추전 · 겉절이 · 김치 · 장아찌를 만들고, 추어탕 · 재첩국 · 다슬기탕에도 들어가며, 부추볶음밥 · 부추만두 · 부추빵 · 부추소시지 등 부추로 만들지 못하는 음식이 없다. 배추김치나 오이소박이 담을 때도 양념으로 넣는다. 발효액을 만들어 두면 희석하여 음료로 이용하거나 각종 요리에 첨가하고 발효주, 발효 식초도 만들 수 있다. 부추 생즙은 냉증이나 부인병, 위장 기능이 약한 사람에게 좋고, 심근경색의 민간 응급약이었다.

[연구 특허]

최근 연구에 의하면, 부추녹즙이 손상된 간 기능을 회복시키는 기능을 하는 것으로 밝혀졌다. 또 부추 추출물의 항산화 및 항미생물 효과, 항당뇨 효과 및 부추김치의 항돌연변이 및 항암 효과 등이 보고된 바 있다.

특허를 살펴보면, 항암 효과를 갖는 부추 추출물, 뇌 신경세포 콜린아세틸트랜스퍼라제 활성화 기능을 갖는 부추 추출물, 당뇨 질환의 예방 및 치료용 약학 조성물, 염증성 질환의 예방 또는 치료용 조성물, 통풍의 예방 및 치료용 약학조성물, 두메부추 추출물을 유효 성분으로 함유하는 탈모 치료 및 발모 촉진용 조성물, 효모를 이용한 발효 부추 효소액의 제조 방법, 항산화, 항균 및 혈류 개선 기능성 식품 조성물 등 다양한 특허가 출원되고 있다.

산양삼

산에서 키운 삼

- 영문명 Korean ginseng
- 학명 *Panax ginseng* C.A.Mey.
- 두릅나무과 / 여러해살이풀
- 생약명 蔘(삼)

재배 환경	중부 지방. 한낮에 산란광이 비추이는 동북향 해발 400~800m, 경사도 30도 내외의 물 빠짐이 좋은 곳. 겨울에 낙엽이 지는 낙엽송 수림대
성분 효능	사포닌 배당체(진세노사이드) / 항염증·항암 효과
이용	샐러드·삼계탕·발효주 등의 식재료, 한약재, 화장품 원료

〔특징〕

인삼은 키가 60cm 정도 자라고, 잎은 줄기 끝에 5장씩 돌려서 난다. 5월경 꽃이 피고 열매는 6~7월에 붉게 익는데, 열매가 노랗게 익는 황숙종도 있다. 잎과 열매, 뿌리 모두를 약용한다. 맛은 달고 쓰며, 성질은 약간 따뜻하고 원기를 보하여 주고, 지갈생진(止渴生津)·보비익폐(補脾益肺)·안신증지(安神增智)의 효능이 있다. 산삼은 자연삼을 말하며, 인삼은 인삼포에서 재배한 것이고, 산양삼은 산에서 인위적 또는 자연적으로 키운 것을 말하며 '장뇌삼(長腦蔘)'이라고도 한다. 오래된 산삼이 발견되는 곳은 동북향의 침엽수와 활엽수의 혼합림 사이로 산란광이 비치고 배수가 잘되는 부엽토질이지만 습도가 어느 정도 보존되는 토양이다. 심마니들이 꿈꾸는 천종산삼(자연삼)은 발견되기 어렵고, 대부분 인삼밭에서 새들이 인삼 열매를 먹고 산에서 배설한 것이 싹이 터 야생화된 것이다. 산삼과 야생삼으로 구분하기도 한다.

산삼이나 인삼, 산양삼은 DNA상 같은 식물이지만 그 약효는 차이가 있다. 산삼에서는 인삼이나 산양삼에 없는 새로운 사포닌도 발견되며, 백혈병 세포주에 대한 항암 효과 비교 실험에서 산삼이 가장 크고, 그 다음이 산양삼, 인삼 순이라는 연구도 있다. 뿌리의 크기는 인삼이 가장 크고, 산양삼, 산삼의 순이다. 오래된 산삼이 발견되는 곳의 토양은 비옥한 부식토이고, 인·칼슘·마그네슘·게르마늄·셀레늄과 같은 무기질이 풍부한 곳이다. 산양삼은 인삼 종자를 직파하여 재배하거나 인삼의 묘를 이식하여 반 자연적, 반 인공적으로 재배한다. 산양삼의 형태는 인삼과 산삼의 중간 형태와 크기가 된다.

〔개화〕

4~5월경 하얀 꽃이 피고, 6~7월경 열매가 붉게 익는다.

〔분포〕

우리나라 전역, 중국, 러시아, 북미 등에 분포한다.

삼 새순(위) / 삼 열매(아래)　　　　삼 열매(위) / 삼 요리(아래)

삼 군락

[재배]

인삼 씨앗은 껍질이 단단하여 그냥 파종하면 대략 18~22개월 이후에 싹이 올라오므로 개갑(모래땅 속에 묻고 물을 줘서 씨앗 속의 배아가 커져 나오면서 껍질이 벌어지게 하는 작업)해서 파종한다. 개갑 처리한 종자를 파종하면 싹이 잘 나지만, 산속에서 키우는 경우 오래 자라지 못하고 자연 도태되기 쉽다. 10년 이상 키우려면 개갑하지 않은 종자를 뿌려서 자연 발아시켜 야생 상태 그대로 자라게 한다. 또 오리나 꿩에게 인삼 씨를 먹이고 배설물에서 소화되지 못한 씨앗을 채취해서 뿌리기도 한다. 새의 모래주머니에서 종자의 겉껍질이 연화되어 발아가 잘된다. 산양삼의 재배 적지는 한낮에는 산란광(투광량 30% 내외)이 비추는 동북향이 가장 좋고, 해발 400~800m 고도, 경사도 30도 내외의 물 빠짐이 좋은 곳을 선택한다. 빛이 모자라지 않도록 주변의 잡목들은 제거해 준다. 겨울에 낙엽이 지는 낙엽송 수림대에 임간 재배하면 수확 기간을 단축할 수 있다.

대량 재배할 때는 유기질 비료나 석회, 고토, 미량원소 함유 비료를 넣어 갈아주고 인삼밭처럼 두둑을 만든 후, 개갑된 씨앗을 심거나 묘삼을 구해서 심기도 한다. 생육 초기에는 수분 관리를 해 주는 것이 좋고, 게르마늄 수용액을 분무한다는 「게르마늄 장뇌삼 및 그 재배방법」이라는 특허도 있다. 병충해 때문에 농약을 사용하는 경우도 있는데, 임업진흥원에서는 산양삼 농약잔류허용기준을 정하여 '완전 무농약'과 기준치 이내의 '적합'으로 판정하고 있으나 수확은 떨어지더라도 완전 무농약으로 재배하는 것이 바람직하다. 최근에는 식물공장에서 새싹인삼을 재배하고 있다. 식물공장에서 양액 재배하면 연작 장애가 없고, 식물의 생육에 있어서 최적 환경을 형성하며, 게르마늄, 셀레늄과 같은 무기질을 추가하여 기능성을 높일 수 있는 미래형 농업이 될 수 있다.

예전의 산양삼 중에는 동복삼이 유명한데, 조선시대의 전라남도 화순군 동복면에 소재한 모악산 주변에서 생산된 가삼을 말하는 것으로, 야생 상태에서 15년 이상 키워서 출하한다고 전해지는데, 당시 최고의 품질로 인정을 받았다. 인삼 씨앗으로는 삼의 수명이 10년을 넘기기가 어렵지만 자연적으로 키운 산양삼 종자를 받아 재배하면 어느 정도 야생의 성질을 회복하게 되므로 더 오래 키울 수 있

산삼

산삼

산삼

다. 산삼을 복용한 사람들은 15년 이상 된 산삼이라야 약효가 몸에 제대로 느껴진다고 한다. 산양삼 재배는 15년 이상 된 삼을 재배하는 것이 목표가 될 수 있다.

〔이용〕

안전하게 재배된 산양삼은 씻어서 잎부터 뿌리까지 생으로 씹어 먹거나 술을 담아 마신다. 어린순은 약간의 쓴맛은 있으나 샐러드 · 비빔밥 등 요리 재료로 이용할 수 있다. 삼계탕이나 밥을 지을 때도 넣는다. 전초를 분말로 만들어서 각종 요리에 첨가해도 좋고, 발효액을 만들어서 음료 대용으로 이용할 수 있다. 덜 여문 열매로 장아찌를 담기도 하고, 익은 열매를 채취하여 발효액을 만들어 먹고 발효액과 분리한 씨앗은 종자로 쓴다. 발효액은 탄산수로 희석시켜서 마시기도 한다. 발효액은 각종 요리에 첨가하고, 발효주나 발효 식초를 만들기도 한다.

〔연구 특허〕

특허를 살펴보면, 「산양삼 추출물을 포함하는 정신분열증의 예방 또는 치료용 약학 조성물」, 「상황버섯과 산양삼의 연속 순차 추출에 의한 항암 증강 조성물의 제조 방법」, 「장뇌삼 발효 추출물을 포함하는 항고지혈증 및 항동맥경화 조성물」 등 의약 용도의 특허도 많이 출원되었지만, 산양삼 연잎밥 · 국수 · 만두 · 산양삼 곶감 · 산양삼 김치 · 고추장 · 어간장 · 산양삼 맥주 등의 식품을 제조할 때에도 산양삼이 이용되고 있다. 또 산양삼 비누나 미스트, 산양삼 치약 등 다양한 이용 방법의 특허가 출원되고 있다.

삼채

세 가지 맛이 나서 三菜
인삼 뿌리를 닮아 蔘菜

● 영문명 Hooker chives
● 학명 *Allium hookeri* Thwaite
● 백합과 / 여러해살이풀

재배 환경	중부 이북 지방의 물 빠짐이 좋은 비옥한 사질토. 겨울에는 시설 재배
성분 효능	베타카로틴 · 철분 · 칼슘 · 식이유황 / 살균 · 항균 작용, 면역 증진
이용	생채 · 장아찌 · 김치 · 발효주 등의 식재료, 항암제, 염증 치료제, 우울증 치료제

[특징]

삼채는 인도·미얀마 등 히말라야 산맥의 고산지에 자라는 식물로, 채소 또는 약용식물로 이용한다. 매운맛이 강하지만, 쓴맛과 단맛도 있다고 하여 '삼채(三菜)'라 하고, 뿌리의 모양과 맛이 인삼과 흡사하다고 하여 '삼채(蔘菜)'라고도 한다. 샐러드·겉절이·김치·삼채전 등 다양한 요리가 가능하다.

삼채는 베타카로틴(비타민 A)과 철분·칼슘 등의 무기질 성분도 있지만, 식이유황이 양파의 2배, 마늘의 6배 정도 들어 있다. 식이유황은 강력한 항산화 물질로, 살균 및 항균 작용을 하여 면역 증진에 도움이 된다. 또 유황 성분은 몸속의 피를 정화하고 혈전을 용해하여 몸 밖으로 배출하는 작용을 하므로, 항암제·염증치료제·우울증 치료제 등으로 다양하게 활용되고 있다. 잎과 뿌리를 요리해서 먹거나 달여서 차로 마시기도 하지만, 유황 성분은 휘발성이 강하여 요리 과정에서 소실되기 쉬우므로 살짝 데치는 정도의 열을 가하는 요리 방식이 좋다.

[개화]

8~9월경 백황색의 파와 비슷한 꽃이 핀다.

[분포]

우리나라에서도 많이 재배하고 있다. 미얀마, 부탄, 스리랑카, 인도, 중국, 티베트가 원산지이다.

[재배]

삼채는 노지재배, 하우스 재배, 화분 재배 또는 식물공장에서의 수경 재배도 가능한 작물이다. 대규모로 재배할 때는 종자를 파종하여 재배하지만 소량 재배할 때는 모종을 구하여 심는 것이 간편하고 편리하다. 토양은 배수가 잘되는 비옥한 사질토가 좋다. 또 삼채는 고랭지 채소이므로 중부 이북에서 재배하는 것이 좋다. 강원도 고랭지 채소밭에서도 재배하고 있는데 겨울을 넘기기 위해서는 보온에 신경을 써야 한다. 적당히 차광해 주면 잎이 부드럽게 되므로, 옥수수처럼 키가 큰 작

삼채 재배

삼채 꽃(위) / 삼채

삼채 밭

물들 사이에 심어도 좋다. 심는 시기는 노지에서는 4월경, 하우스에서는 가을에 심는다. 심기 전 완숙된 퇴비를 섞어서 땅속 깊게 갈아 준 뒤 두둑을 만들고 비닐로 피복을 해 준다. 심은 뒤에는 수분 관리를 해 주어야 한다. 뿌리를 키우려면 꽃대를 잘라 준다. 뿌리는 서리를 맞은 뒤 또는 월동 후 이른 봄에 수확한다.

〔이용〕

삼채의 어린잎은 부추나 마늘처럼 무침이나 채소 샤브샤브, 비빔밥 등 각종 요리에 이용하고, 장아찌나 김치를 담기도 한다. 분말을 만들어서 삼채칼국수 · 삼채만두도 만들며 향신료 대신에 첨가해도 좋다. 삼채 잎과 뿌리를 발효액으로 만들어서 음료로 이용하거나 각종 요리에 첨가하고, 발효주나 발효 식초도 만들 수 있다. 꽃이나 대로 차를 만들고, 마늘종처럼 장아찌를 담기도 한다. 뿌리는 각종 음식에 넣어 먹거나 술을 담기도 한다.

〔연구 특허〕

특허를 살펴보면, 삼채 장아찌 · 삼채 소스 · 쿠키나 빵 · 라면 · 치즈 · 초코파이 · 발효차 · 삼채 막걸리 · 삼채 식초 · 삼채 고추장 · 삼채 고등어 · 삼채 김 등 다양한 식품을 제조하는 데 삼채가 이용되고 있다. 또 삼채를 이용한 운동 능력 증강용 식품, 골다공증 치료, 숙취 해소, 당뇨 및 비만 해소, 암 예방 및 치료, 아토피 피부 및 천식 개선, 대사성 질환 치료제 및 피부 미백 화장품, 가금류 사료 등 다양한 특허가 출원되고 있다.

삽주

삽주

어린순은 최고의 산나물
뿌리는 좋은 소화제

- 영문명 Ovate-leaf atractylodes
- 학명 *Atractylodes ovata* (Thunb.) DC.
- 국화과 / 여러해살이풀
- 생약명 蒼朮(창출), 白朮(백출)

재배 환경	햇빛이 잘 들고 물 빠짐이 좋아 건조한, 남향 산 능선의 반음지
성분 효능	방향성 정유 / 소화 촉진, 이뇨·진정 작용
이용	나물·식혜 등의 식재료, 한약재, 폐렴 치료제, 갱년기증후군 치료제

〔특징〕

삽주는 우리나라 전국의 산지에서 자생하는데, 키는 50~100cm까지 자란다. 어린 순은 나물로 이용하고, 뿌리는 '창출(蒼朮)', '백출(白朮)'이라는 한약재로 쓰이는데 일반적으로 창출은 묵은 뿌리, 백출은 그해의 새 뿌리를 말하고, 한약재로는 백출을 많이 쓴다.

우리나라, 일본, 북한 그리고 중국의 약전에 의하면, 백출과 창출의 기원 식물이 조금씩 다르고, 약의 종류 및 용도도 구별하고 있다. 한국한의학연구원 김윤경 등의 「백출과 창출의 기원에 대한 식물분류학적 연구」에 의하면, 백출의 종은 삽주와 당백출(A. ovata THUMB.) 이고, 창출은 가는잎삽주(A. lancea DC.) 와 만주삽주(A. chinensis DC.) 그리고 조선삽주(A. koreana KITM)라고 한다. 우리나라에 자생하는 삽주는 흰 꽃이 피는 반면 당백출은 자주색 꽃이 핀다.

일반적으로 창출은 주로 습의 제거에 사용되고, 백출은 소화기관에 기운을 돋우며 기를 보충해 주는 용도로 사용한다. 삽주 뿌리는 예전부터 위장병에 좋은 약초로서 우리나라의 고전의서에 3,600여 가지 처방이 있을 정도로 흔하게 쓰이는 약초다. 최근 연구에 의하면 항알레르기 성분이 있어 알레르기의 치료 및 예방에 유용하고, 비듬균의 생육을 억제하며, 피부 미백 효과도 확인되는 등 현대적인 연구가 이어지고 있다.

삽주 뿌리의 독특한 향은 방향성 정유인 아트락틸론(atractylon) · 아트락틸롤(actratylol)이다.

〔개화〕

7~8월경 흰색의 꽃이 피고, 9~10월경 열매가 익는다.

〔분포〕

우리나라 전역, 중국 동북부 및 일본에 분포한다.

삽주 어린순(위) / 삽주 꽃(아래)   삽주(위) / 삽주 마른 줄기(아래)

삽주 뿌리

〔재배〕

자생환경을 살펴보면 산지의 건조한 곳에서 많이 발견되는데, 햇빛이 잘 드는 남향 산 능선의 반음지에서 잘 자란다. 물 빠짐이 좋은 경사지에서 주로 발견되며, 봄까지 마른 줄기가 그대로 남아 있다. 가을에 익은 종자를 채취하여 이른 봄에 파종한다. 물 빠짐이 좋은 화단이나 실내 화분에 심어도 되고, 어린 싹은 건조해지지 않도록 3~4일 간격으로 물을 주면서 관리한다. 뿌리를 포기나누기하기도 하는데 파종한 것보다 빨리 수확할 수 있다. 산양삼 재배 시 산의 정상 부근은 건조해서 삼이 잘 자라지 않는데, 그러한 지형에 삽주 씨를 뿌려서 키울 수 있다. 뿌리를 키우려면 꽃봉오리를 따 주어야 하고, 수확은 줄기가 마른 가을 이후에 한다. 최근 제주도에서도 재배하며, 농업진흥청에서 재배 기간이 짧고 병충해에 강한 품종을 개발하여 농가에 보급하고 있다.

〔이용〕

어린순은 최고의 산나물로 치는데, 데쳐서 쓴맛을 우려내야 한다. 뿌리는 수염뿌리를 제거하고 햇빛에 말려서 차를 끓여 마시는데 감기에 좋다. 뿌리로 술을 담기도 하고 식혜도 만든다. 가루 내어 먹기도 하한다. 삽주의 뿌리는 한약재 특유의 맛과 향이 있는데, 한약 달일 때 나는 특이한 냄새는 주로 삽주라고 보면 된다. 기가 허하여 땀이 많으면 사용하지 않는 등 치료 목적으로 이용할 때는 반드시 전문가의 도움을 받아야 한다. 『향약집성방』의 「신선방」에는 삽주와 석창포를 같은 량 가루 내어 빈속에 장복하면 무병장수한다고 되어 있다. 장마철에 삽주를 태운 연기로 실내를 훈증하면 곰팡이가 생기지 않는다.

〔연구 특허〕

최근 특허에 의하면 삽주 뿌리가 췌장암이나 염증성 장 질환의 치료약, 당뇨병 치료 및 비만 개선, 천식이나 기관지염 또는 폐렴의 치료약, 갱년기증후군의 치료에도 이용되는 등 새로운 연구가 이어지고 있다. 북한에서는 훈제(연기로 치료하는 약)로서 위장병을 치료했다는 임상 결과도 있다.

석창포

석창포

총명탕의 주재료

- 영문명 Grass-leaf sweet flag
- 학명 *Acorus gramineus* Sol.
- 천남성과 / 여러해살이풀
- 생약명 石菖蒲(석창포)

재배 환경	남부 지방의 계곡 습지 또는 연못가
성분 효능	방향성 정유 / 거풍(祛風), 거습(祛濕), 이기(理氣), 활혈(活血), 혈압 강하
이용	연못 조경, 화장품 원료, 아로마 향 수, 입욕제

〔특징〕

석창포는 계곡 물가의 바위틈에 자생하는 상록의 여러해살이풀이다. 마디가 있는 딱딱한 뿌리줄기를 가지고 있고, 그 아래로 수염뿌리가 있다. 딱딱한 뿌리줄기는 땅속으로 깊게 내려가지 않고 때로는 노출되어 자란다. 잎 모양은 가늘고 길며, 꽃보다는 잎의 관상 가치가 높다.

석창포는 잎·꽃·뿌리 등 이용하지 않는 부위가 없다. 독특향 향기는 알파-아사론(α-asarone), 베타-아사론(β-asarone), 오이게놀(eugenol) 등의 방향성 정유에서 나오는 것이다. 석창포 잎은 옴이나 문둥병에 사용하였고, 꽃은 월경을 조절하는 효능이 있다. 최근에는 잎으로 차를 만들기도 하고, 불면증 환자를 위해 석창포 베갯속을 만들기도 한다. 민간에서는 석창포에 맺힌 이슬로 눈을 씻으면 눈이 밝아진다고 전해진다. 저녁이나 새벽 사이에 이슬이 생기는데 따뜻하게 해 주면 많이 맺힌다고 한다.

우리나라에는 석창포와 비슷한 식물로 창포·꽃창포·한라꽃창포 등이 있다.

〔개화〕

3월~5월경 연녹색의 자잘한 꽃이 핀다.

〔분포〕

우리나라 제주도나 남해안의 섬 지방의 산지 계곡 그늘에 많이 자생하지만 월동하기 어려운 중부 이북 지역에서는 찾아보기가 어렵다.

〔재배〕

석창포는 일반적으로 봄철에 포기나누기하여 계곡 습지나 연못가에 심는다. 대량으로 재배할 경우 발육이 왕성한 개체의 뿌리줄기에서 5~10*cm*되는 가지 뿌리줄기를 1개씩 분주하여 지면과 수평이 되도록 심는데 수염뿌리가 많은 것이 빨리 번식한다. 밭에서 재배할 경우 50% 이상의 해가림이 필요하고 토양은 항상 촉촉하게 관리해야 한다. 화분에서도 재배할 수 있는데 물기를 좋아하므로 산모래 등

석창포

석창포 뿌리

석창포

사질토에 잘게 자른 이끼를 20% 정도 섞어서 배양토를 만들어 쓴다. 화분은 얕은 분이 좋고, 배양토가 마르지 않도록 한다. 석창포는 화학 비료나 농약을 주면 고사하므로, 퇴비나 유박 부엽토 등의 유기물 비료가 좋다. 관상용으로 화분에 키우는 석창포는 하이포넥스 수용액을 월 1~2회 분무하는 정도면 된다. 고유의 향 때문에 병해충은 적은 편이다.

〔이용〕

뿌리를 가을에 채취하여 씻어서 햇빛에 말려 약으로 쓰는데, 성질이 따뜻하고 맛은 매우나 독은 없다. 기혈 순환을 원활히 하고, 풍을 풀어 주고 습을 제거하는 효능[祛風濕]이 있어서 건망증 · 이명증 등 정신계통 약으로 많이 사용하였고, 원지와 함께 수험생들을 위한 총명탕의 주재료가 된다. 석창포 차(茶)를 마시고, 석창포를 이용한 목욕 또는 반신욕을 한 뒤 석창포 베개를 베고 잠을 자면 불면증이나 두통 등의 신경성 증상이 어느 정도 완화된다.

『신농본초경집주』,『일화자제가본초』등에 의하면 · 빈혈 · 해수 · 토혈 · 몽정 환자는 주의가 필요하고,『중약대사전』에 의하면 엿 · 양고기 · 복숭아 · 매실 등 과일을 금해야 하며, 철제 용기에서 조제하면 구토한다는 기록도 있다.

〔연구 특허〕

최근에는 석창포의 면역 조절 및 항암 효과 등이 밝혀지기도 하였다. 피부 노화 방지용 화장품이나 아로마 향수, 입욕제 등으로 개발되는 등 이용 범위가 넓은 약초이지만 대부분 중국에서 수입하여 조달하는 한약재이다.

소귀나무

제주도 특산 식물

- 영문명 Waxberry tree
- 학명 *Myrica rubra* (Lour.) Siebold & Zucc.
- 소귀나무과 / 상록 활엽 교목
- 생약명 楊梅皮(양매피)

재배 환경	남부 지방의 양지바르고 습기가 적당한 비옥토
성분 효능	구연산 · 포도당 · 안토시아닌 / 살충(殺蟲), 수렴(收斂), 해독(解毒)
이용	열매 식용, 잎차 · 튀김 · 조림 등의 식재료, 한약재, 기능성화장품 원료

〔특징〕

소귀나무는 키가 25m까지 자란다. 제주도를 비롯한 남해안 일부 지역, 일본, 타이완 등 전 세계에 40여 종이 있는데, 우리나라에는 1종만 자생한다. 추위에 약하지만 건조나 공해에는 강한 편이다. 제주도에서는 가로수나 밭 주변 방풍수로도 심는다. 소귀나무는 잎 모양이 소의 귀를 닮아서 붙여진 이름이다.

잎을 비비면 독특한 향기가 있다. 4월경 꽃이 피는데 암수 딴 그루이고, 달콤한 맛이 나는 열매는 6~7월에 자주색으로 익는데 그냥 먹거나 잼 또는 술로 만든다. 소귀나무 껍질은 염료로도 이용하지만, 한방에서는 말린 나무껍질을 '양매피(楊梅皮)'라 하여 혈압 강하제나 이뇨제로 쓰며 잎은 지사제로 사용하고 있다. 살충(殺蟲), 수렴(收斂), 해독(解毒)의 효능이 있다.

〔개화〕

암수 딴그루로 4~5월경 꽃이 피고, 6~7월에 자주색 열매가 익느다.

〔분포〕

한라산 중산간 이하 지역이나 남해안 섬 표고 300m 이하의 햇빛이 잘 드는 따뜻한 산기슭에 자생한다.

〔재배〕

소귀나무는 따뜻한 양지쪽의 습기가 적당한 비옥토를 좋아한다. 꺾꽂이나 접붙이기 등으로도 번식할 수 있고 7~8월경 잘 익은 열매를 직접 파종하거나 저장하였다가 11~12월경 파종하기도 한다. 건조된 종자는 2~3일 물에 담갔다가 심는다. 이듬해 4~5월경 싹이 나는데 추위에 약하므로 가온 및 보온 대책이 필요하다. 일본 중국 등에서 육종한 품종이 다수 있는데 묘목을 구해서 심기도 한다. 제주도에 자생하는 소귀나무의 열매는 과육에 비하여 씨앗의 크기가 크고 신맛이 강하고 단맛이 적으므로 중국 저장(浙工)성에서 도입한 '레드베이베리'를 재배하고 있다. '레드베이베리'의 열매 무게는 15~20g 정도 되고, 당도는 12브릭스, 산도는 1%

소귀나무 새순(위) / 소귀나무 줄기(아래)

소귀나무 열매

소귀나무

내외로 새콤달콤하다. 제주도에서는 소귀나무 마을을 조성하기도 하고, 경남 통영시에서도 재배한다는 소식이 있는데, 지구온난화 진행과 재배 기술의 발전에 따라 재배지도 확대될 전망이다.

〔이용〕

소귀나무는 열매를 식용할 수도 있으며, 잎으로 차를 우려서 마시고, 튀김이나 조림으로도 이용할 수 있다. 잎에는 고혈압·동맥경화·신경통을 개선하는 효능이 있다. 잎·가지·열매에 주름 개선 효과 또는 미백 효과를 가지고 있어서 기능성 화장품의 원료로도 이용된다.

〔연구 특허〕

안동대학교 식품영양학과 류희영 등이 『생약학회지』(2005. 12. 30.)에 기고한 「약용 및 야생식물로부터 트롬빈 저해물질의 탐색」이라는 논문에 의하면, 소귀나무 잎 추출물은 513종의 약용식물, 야생식물 및 곡류의 다양한 부위에서 조제한 664종의 천연물 추출물 중 가장 강력한 항혈전 활성을 나타내어 소귀나무 잎 추출물의 활성 물질을 포함하는 심혈관 혈류 개선 천연물 생약으로서의 개발 가능성을 시사하고 있고, 식품 소취제의 기능도 확인되는 등 소귀나무는 여러 모로 이용 가능성이 높은 나무이다.

소엽(차즈기)

들깨보다 짙은 향기와 약성

재배 환경	우리나라 전역 어디서나 잘 자란다
성분 효능	방향성 정유 / 항염증·항알레르기· 항균·항산화 효과
이용	향신료, 건강기능식품, 한약재, 방부 제

- 영문명 Beefsteak plant
- 학명 *Perilla frutescens* var. *acuta* (Odash.) Kudo
- 꿀풀과 / 한해살이풀
- 생약명 蘇葉(소엽)

[특징]

소엽은 중국이 원산지로, 우리나라 전역에 퍼져 야생화했거나 재배되고 있다. 키가 70~80cm 정도 자라며, 잎은 들깨와 흡사하여 '보라색 깻잎'으로 불린다. 전체가 짙은 보라색인 종(자소엽), 잎의 윗면은 녹색이고 아랫쪽만 보라색인 청소엽(*Perilla frutescens* f. viridis Makino)이 있다.

소엽은 잎을 식용하고, 씨앗에서 기름을 짠다. 소엽은 항염증 및 항알레르기, 항균 및 항산화 등의 약리 작용이 보고되어 있으며, 오한발열(惡寒發熱)·감모풍한(感冒風寒) 등의 감기나 해어해독(解魚蟹毒)에 사용된다. 생선(방이)이나 게를 먹고 식중독에 걸렸을 때 생즙을 마시거나 잎을 삶아서 먹는다.

소엽의 독특한 향을 내는 방향성 정유 성분은 페릴알데하이드(perillaldehyde)·리모넨(limonen)·쿠믹산(cumic acid)·페릴알코올(perillalcohol) 등으로, 항균·방부 작용을 한다.

[개화]

자소엽은 8~9월경 연한 자줏빛의 꽃이 피고, 청소엽은 흰색의 꽃이 핀다.

[분포]

우리나라 전역에서 재배하고, 중국 등 아시아에 분포한다.

[재배]

종자로 번식하는데, 직파하거나 묘를 키워서 이식한다. 일반적으로 밭에 종자를 직접 뿌린다. 소엽을 키운 적이 있는 밭 주변에는 씨앗이 퍼져서 자연 번식하므로, 몇 포기만 키워도 그 일내가 소엽밭이 된다. 건조해도 잘 자라고 병충해에도 강하므로 잡초와 함께 자연농으로 키워도 좋다.

[이용]

생선이나 육류를 먹을 때 깻잎 대용으로 생잎을 함께 먹으면 배탈을 예방한다. 오

소엽(위) / 청소엽(아래)

소엽 꽃

청소엽

이김치나 양배추김치를 만들 때 소엽을 넣으면 맛과 향, 빛깔이 좋아지고 보존성이 높아진다. 장아찌를 담아도 좋다. 일본에서는 스시나 우메보시 등의 식품에 색을 물들이는 데에 쓴다. 잎차를 만들고, 분말로 만들어 추어탕이나 생선국에 향신료로 첨가하면 궁합이 잘 맞는다. 소엽과 어성초, 녹차의 혼합 추출물이 탈모 예방과 발모에 좋다고 하여 주목 받았다. 성질이 따뜻하므로 온병(溫病)과 기약표허자(氣弱表虛者)는 조심하는 것이 좋고, 몸이 차거나 설사를 자주하는 사람에 맞는 식품이다.

〔연구 특허〕

특허를 살펴보면, 소엽으로 국수 면을 만들거나 육류 패티의 저장성을 높이고, 들기름 드레싱 소스도 만든다. 뇌신경질환 치료약, 불임증 치료제, 발모 촉진 또는 탈모 억제용 조성물, 혈중 콜레스테롤 감소 및 고지혈증 개선 활성이 우수한 차즈기 유래 페놀릭 물질, 숙취 예방 및 해소 조성물, 죽상동맥경화증 개선용 식품 등 다양한 연구가 특허로 출원되고 있다.

　한국야쿠르트는 소엽 추출물의 '버베린'이란 물질이 헬리코박터 필로리에 대한 항균 활성이 있음을 밝혔고, '헬리코박터 프로젝트 윌'이란 요구르트를 만들어 출시한 바 있다. 최근 천연자원연구센터는 「차즈기 추출물을 유효 성분으로 함유하는 눈 피로 완화 효과에 도움이 되는 약학 조성물」이라는 특허를 등록한 바 있다.

수선화

수선화

당신을 사랑합니다

- 영문명 Chinese Sacred Lil
- 학명 *Narcissus tazetta* var. *chinensis* Roem.
- 수선화과 / 여러해살이풀
- 생약명 水仙花(수선화), 水仙根(수선근)

재배 환경	남부 지방의 물 빠짐이 좋고 비옥한 토질
성분 효능	방향성 정유 / 거풍(祛風), 제열(除熱), 활혈(活血), 조경(調經)
이용	절화, 관상식물, 꽃차, 화장품 원료, 암 치료제

〔특징〕

수선화는 지중해 연안이 원산지이며, 우리나라에는 제주도와 거문도 등 일부 지역에 자생한다. 꽃은 12~3월에 황색·담홍색·흰색으로 핀다.

수선화는 뿌리와 꽃을 약용하는데 번열을 제거하는 효능이 있고, 신피두혼(神疲頭昏)·월경부조(月經不調)·이질(痢疾)·창종(瘡腫)을 치료한다(운곡본초학). 수선은 중국에서 붙여진 이름으로, 하늘의 '천선(天仙)', 땅의 '지선(地仙)', 그리고 물의 것을 '수선(水仙)'이라고 한다. 천선은 구기자나무, 지선은 천선과나무를 의미한다.

수선화의 꽃말은 '이룰 수 없는 사랑'과 '나는 당신을 사랑합니다'다. 수선화의 속명 나르키소스(Narcissus)는 그리스 신화에 나오는 미소년의 이름으로 나르키소스는 요정 에코의 사랑을 받았지만 그는 사랑을 주지 않았다. 상처 받은 에코는 미와 사랑의 여신인 아프로디테에게 나르키소스가 지독하게 아픈 사랑을 알게 해달라고 간구하였고, 아프로디테가 그 부탁을 들어주었다. 나르키소스는 연못에 비친 자신의 모습과 깊은 사랑에 빠졌고, 이룰 수 없는 사랑에 고민하던 그는 결국 연못에 투신하여 죽고 말았으며, 그가 죽은 뒤 연못 주변에 나르키소스의 혼이 수선화로 피어났다고 한다. 수선화 꽃은 언제나 물을 향해서 핀다.

수선화에는 유제놀(eugenol)·리날룰(linalool)·시네올(cineol) 등의 방향성 정유 성분이 들어 있다.

〔개화〕

12~3월경 흰색이나 노란색 등의 꽃이 핀다.

〔분포〕

지중해 연안이 원산지라고 하며, 스코틀랜드에도 자생한다. 우리나라의 제주도, 거문도, 신안군 섬에 자생하는데 해류를 타고 번식된 것으로 추정된다.

수선화(위) / 흰 수선화(아래)　　　수선화

수선화

〔재배〕

수선화는 물가에서 키우는 것이 가장 좋지만 내륙 지방에서도 키울 수 있다. 종자 번식은 어렵고, 주로 땅속 비늘줄기를 심어서 번식시킨다. 화분에 심을 때는 배수가 좋고 거름을 충분히 한 비옥한 흙에 심는다.

〔이용〕

꽃이 아름다워서 관상 가치가 있으므로 화단이나 실내 화분에 심거나 꽃꽂이용으로도 이용한다. 작은 연못이 있다면 그 주변에 심어 두고 싶은 식물이다.

민간에서는 수선화의 생즙을 갈아 부스럼에 붙여서 고름을 뽑아내고, 관절염이나 치통에는 밀가루와 개어서 붙였다. 전통적으로 열(熱)을 내리며 혈액순환을 돕고 월경(月經)을 조절하는 효능이 있고, 거담제로 이용하며, 백일해에도 약용하였다.

〔연구 특허〕

암의 예방 또는 치료용 조성물, 수선화꽃 추출물을 유효 성분으로 포함하는 간 기능 개선이나 암 치료제 관련 특허도 있고, 피부 보습 또는 탄력 증진 화장품이나 향료 등을 만든다는 내용의 특허도 있다.

스태비아 잎

스테비아

당도가 설탕의 300배인
천연 감미료

- 영문명 Stevia
- 학명 *Stevia rebaudiana* Hemsl.
- 국화과 / 여러해살이풀

재배 환경	온실. 남부 지방의 햇볕이 잘 들고 수분이 많은 토양
성분 효능	스테비오사이드 / 살균 효과
이용	차, 설탕 대용, 알레르기성 비염 치료약, 환경호르몬 다이옥신 분해제

〔특징〕

스테비아는 파라과이·아르헨티나·브라질 등 중남미의 열대지방이 원산지이다. 잎과 줄기에 함유되어 있는 '스테비오사이드'는 사탕수수에서 추출한 설탕보다 당도가 300배 정도 높으며 칼로리는 90분의 1정도로 낮아서 천연 감미료의 원료로 재배되고 있고, 단맛이 필요한 식품의 첨가물로 주목받고 있다.

스테비아는 병충해에 강하므로 농약과 화학비료를 필요로 하지 않고, 스테비오사이드는 물과 알코올에 잘 용해되며, 열에 강하고 산이나 염에 의해 변화하지 않으므로 장기적으로 저장 가능한 물질이기도 하다. 임상 실험을 통하여 인체에는 비발암성이고 비중독성이며, 일본 특허에 의하면 스테비아 추출물이 O-157 등의 병원성 대장균이나, O-157 등이 배출하는 베로독소 혹은 살모넬라균에 강한 살균 효과를 갖고 있으며, 담배에 함유된 니코틴을 분해하는 효과가 있음이 확인되었다.

참고로, 단맛이 강하게 나는 천연물 중에는 감초 뿌리가 있고, 스테비아만큼 감미가 강한 과일도 있다. 바로 중국 광서성 계림(桂林) 지역에서 자라는 '나한과(Momrdicae Grosvenori Swingla)'라는 과일인데, 박과의 여러해살이 덩굴성 식물로 포도처럼 울타리 재배를 한다. 나한과의 최대 특징은 감미 성분으로 설탕의 400배 이상 높은 감미도 를 나타내지만 칼로리는 거의 없다. 이 감미 성분은 이전에는 포도당으로 알려져 있었으나 일본 오카야마대학 연구팀에 의해 14%의 과당과 11.5%의 새로운 감미성분 '트리테르펜계 배당체'라는 사실이 판명되었다. 또 나한과는 비타민E를 비롯하여 철·칼슘·마그네슘 등 현대인에게 부족하기 쉬운 미네랄을 다량 함유하고 있는데 특히 비타민 E와 철분 함유량이 높다. 나한과는 계림지역 외에서는 재배가 어렵다고 알려져 있다.

〔개화〕

9~10월경 작고 하얀 꽃이 핀다.

스테비아 꽃   스테비아 줄기

〔분포〕

중남미의 열대지방에서 자라며, 우리나라에서는 주로 시설 재배하는 허브 식물이
다.

〔재배〕

일조량이 많고 수분이 많은 토양을 좋아한다. 씨앗으로도 번식되지만 꺾꽂이로도
번식시키는데 모래나 마사토 묘판에 심고 하루에 3~4차례 물을 주면 발근이 된
다. 추위에 약하므로 중부 이북 지역에서는 냉해를 입지 않기 위해 시설 재배하는
것이 좋다. 우리나라에는 1973년 작물시험장에서 설탕 대체용 개발을 위하여 시
험 재배하기 시작했다고 한다. 최근에는 전문으로 재배하는 농가도 있으며, 가정
에서도 화분에 심어서 재배하여 이용하기도 한다. 모종을 구해서 재배하는 것이
여러 모로 편리하다.

〔이용〕

당뇨에 대한 관심이 높아지면서 단맛이 나면서 칼로리는 낮은 스테비아가 인기가 있다. 증류식 소주나 코카콜라나 펩시콜라에도 스테비아 추출물을 이용한다. 스테비아 생잎을 10여 초 정도 끓여서 차로 마신다. 쌈채소로는 이용하지 않고, 꽃이 피기 직전인 8~9월경 성숙된 잎과 줄기를 잘라서 말려서 분말을 만들어서 유리병에 담아 두었다가 홍차나 커피에 첨가해도 좋고, 단맛이 필요한 각종 요리의 재료로 이용해도 좋다. 약간의 풀 냄새가 있지만 계속 맛보면 익숙해진다. 땅이 얼지 않는 남부 지방의 과수원 고랑에 심어 두면 과일의 당도가 높아지고 병충해에 강해진다. 딸기나 수박 등 단맛이 필요한 과수 재배 시 스테비아 추출물을 관수에 섞어 준다.

〔연구 특허〕

스테비아는 최근 연구에 의하여 황산화 · 항비만 및 항염증 활성이 확인되었다. 특허를 살펴보면, 인지 기능(학습, 기억 및 민첩성의 개선 및 정신적 안정성) 개선 및 알레르기성 비염 치료약, 환경호르몬 다이옥신 분해제, 스테비아 단무지, 스테비아 액상 비료 제조 방법 등 다양한 용도에 관한 특허가 있다.

아마란스

아마란스

신이 내린 잉카 제국의 선물

● 영문명 Amaranth
● 학명 *Amaranthus caudatus* L.
● 비름과 / 한해살이풀

재배 환경	중부 지방의 따뜻하고 햇볕이 잘 드 는 산성 토양
성분 효능	무기질 · 섬유소 · 라이신 · 불포화지방 산 · 식물성 스쿠알렌 / 항산화 효과, 혈관 건강, 피부 보습 효과
이용	나물 · 샐러드 · 만두 · 과자 · 케이크 등의 식재료, 화장품 원료

[특징]

아마란스는 남아메리카 안데스산맥을 한해살이풀로서 키는 2m까지 자란다. 고대 잉카 제국에서는 '신이 내린 작물'이라고 하여 씨앗은 곡물로, 잎은 채소로 이용하던 주요 작물의 하나였다. 식물 변이의 폭이 커서 재배 환경에 따라 변종들이 계속 생기는데 난대에서 열대에 걸쳐 50여 종이 있다. 아마란스는 여러 가지 이유로 잊혀졌었으나 최근 그 영양학적 우수성이 알려지면서 주목받는 슈퍼 푸드(super food)의 하나다. 아마란스란 이름은 '시들지 않는 꽃'이란 뜻으로 고대 그리스어 'amarantos(시들지 않는)'와 'anthos(꽃)'의 합성어다.

아마란스 종자는 단백질과 다량의 무기질, 섬유소 등이 풍부하고 특히 곡류에 부족한 라이신(lysine : 근육단백질, 알부민의 주요 구성성분, 간 기능 개선효능)의 함량이 높으며 불포화 지방산과 스쿠알렌 등도 다량 함유되어 있다. 또 다른 곡물에 비하여 탄수화물이나 나트륨 함량이 낮고, 글루텐이 전혀 없어서 웰빙(well-being) 시대에 걸맞는 다이어트 식품이 될 수 있다. 지방질 함량이 높아서 오일을 추출하는데 아마란스 오일에는 불포화도가 높은 양질의 지방산을 함유하며, 특히 5~8%의 식물성 스쿠알렌을 포함하고 있어서 항산화 효과가 우수하고 혈관 건강 및 피부 보습의 효과가 있어서 활용 범위가 넓다.

[개화]

7~9월경 노란색 · 선홍색 · 보라색 등 다양한 색의 꽃이 피고, 10월경 종자를 수확할 수 있다.

[분포]

남아메리카의 안데스가 원산지, 18세기경 유럽에서 부터 북미, 아프리카, 중국, 인도 등지로 전 세계에 널리 퍼졌다.

[재배]

아마란스는 고온과 빛의 광량이 많을 경우 일반 식물보다 광합성 능력이 2배 이

아마란스 꽃

아마란스 열매(위) / 아마란스 종자(아래)

아마란스 밭

상이라고 한다. 건조하고 척박한 토양에서도 재배가 잘되는 작물이며, 내한성도 강하여 우리나라 전역에서 재배할 수 있으나 따뜻하고 햇볕이 많이 쪼이는 산성토양에서 잘 자란다. 따뜻한 곳에서 재배하면 진딧물이나 바구미 등 병충해가 심해진다. 5월경 파종하고 10월경 수확하는데 옥수수 사이에 재배하기도 한다. 질소질 비료를 많이 주면 키가 웃자라서 넘어지는 경우가 있다.

〔이용〕

어린순과 잎은 데쳐서 쓴맛을 제거한 뒤 나물로 먹거나 샐러드 · 볶음 요리 · 국물 요리에도 쓴다. 말린 잎과 꽃을 우려서 차로 마신다. 인도나 네팔에서는 아마란스 잎을 커리에 섞으며, 아프리카에서는 곡물보다 채소로 이용한다. 2013년 농촌진흥청의 연구에서 아마란스 잎의 경우 단백질 함량은 종자보다 2배 이상, 무기질 함량은 4배 이상, 항산화 활성은 5배, 페놀 함량은 8배나 높은 것으로 밝혀졌는데, 이는 곡물보다 채소로서 식용하는 것이 더 효율적임을 시사하고 있다.

씨앗의 맛은 퀴노아와 비슷하여 살짝 볶아서 차로 우려 마시거나, 볶은 참깨처럼 반찬이나 찌개에 넣어서 먹으면 된다. 물에 불려서 잡곡밥을 지어 먹고, 팝콘처럼 튀겨서도 먹거나, 우유와 섞어서 식사 대용으로 먹는다. 분말을 만들어 죽 · 만두 · 과자 · 수프 · 빵 · 케이크 등의 식품 재료로 활용할 수 있고, 수제 미용 비누 등으로도 이용한다. 싱싱한 아마란스 잎과 꽃으로 발효액을 만들어 마시거나, 발효주 · 발효 식초도 만드는 등 다양하게 활용할 수 있다.

〔연구 특허〕

최근 아마란스 종자로부터 콜레스테롤 저하능을 갖는 식물성 스쿠알렌의 제조 방법, 근육 질환 치료 또는 근 기능 개선용 조성물, 피부 미백 및 주름 개선 화장품, 구강질환 치료제, 아마란스빵, 막걸리 등의 특허가 다수 출원되었다. 가을 이후 아마란스의 마른 잎이나 줄기도 자원으로 이용하는 방법에 대한 연구도 필요하다.

아스파라거스

채소의 왕, 귀족의 채소

재배 환경	온실. 남부 지방의 햇빛이 잘 들고, 토질이 비옥하고 토심이 깊으며, 배수와 통기성이 풍부한 토양
성분 효능	아스파라긴산 · 베타카로틴 · 엽산 · 비타민 K · 루틴 / 동맥경화 · 노화 예방
이용	샐러드 · 볶음 등의 고급 식재료, 숙취 해소용 음료, 화장품 원료

● 영문명 Asparagus
● 학명 *Asparagus officinalis* L.
● 백합과 / 여러해살이풀

〔특징〕

아스파라거스는 유럽이 원산지인 여러해살이풀로서 로마시대부터 즐겨 먹는 채소 가운데 하나이며, 줄기가 흰색과 녹색 두 종류가 있다. 키는 1.5m까지 자란다. 우리나라에는 1970년대 도입되었다. 우리나라에는 비슷한 식물인 천문동(*Asparagus cochinchinensis* (Lour.) Merr.), 비짜루(*Asparagus schoberioides* Kunth), 방울비짜루(*Asparagus oligoclonos* Maxim.)가 자생하는데 이들 모두 어린 줄기를 식용한다. 숙취 해소 효과가 있는 '아스파라긴산(Asparaginic acid)'은 이 식물에서 최초로 분리하였기에 붙여진 이름이다.

베타카로틴 · 엽산 · 비타민 K 등이 풍부하여 노화를 막는 데 도움이 되고, 새싹의 끝 부분에 있는 루틴 성분은 동맥경화를 예방하고 혈관을 튼튼하게 한다. 어린 줄기를 데쳐서 샐러드 · 튀김 · 수프 등으로 조리해 먹으며 통조림을 만들기도 한다.

〔개화〕

5~6월경 종 모양의 작은 꽃이 피고, 7~8월경 붉고 작은 열매를 맺는다.

〔분포〕

유럽 남부, 폴란드, 러시아

〔재배〕

아스파라거스는 온대성 채소로서 한 번 심어 두면 3년차부터 매년 수확할 수 있고 최대 15년까지 수확한다. 생육 환경은 햇빛이 잘 들어야 하고, 토질은 비옥하며, 토심은 깊고, 배수와 통기성이 풍부한 토양이어야 한다. 파종할 때는 2~3일 전쯤 미리 물에 담가 두면 싹이 빨리 트지만 과습하면 발아가 제대로 되지 않는다. 발아는 25~30℃ 정도의 비교적 고온에서 잘되고, 유묘는 영하로 내려가면 언 피해를 입는다. 소규모로 재배하는 경우 종묘상에서 모종을 구해서 심는 것이 여러모로 편리하다. 봄철 싹이 나기 전이나 가을에 잎이 마른 뒤 포기나누기로도 번식

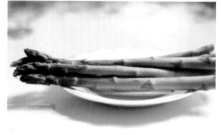

아스파라거스 잎(위) / 아스파라거스 새순(아래)

아스파라거스 재배

아스파라거스 용기 재배

아스파라거스 재배

시킨다. 석회를 뿌린 뒤 깊게 갈아 주고 완숙 퇴비를 섞어서 물 빠짐이 좋게 두둑을 만들어 준다. 생육에 적합한 온도는 15~18℃ 정도, 비교적 저온에도 잘 자란다. 옥상이나 베란다 텃밭에 키워도 좋다.

〔이용〕

아스파라거스는 담백한 맛과 아삭한 식감이 있어서 생으로 먹거나 샐러드 · 튀김 · 버터볶음 · 스프로 만들어 먹고, 볶음밥 · 파스타 등 각종 볶음 요리에도 다양하게 이용된다. 장아찌를 담기도 하고, 분말로 만들어 두면 청국장이나 고추장에 섞기도 하는 등 여러 가지 요리에 응용할 수 있다. 사용하고 남은 아스파라거스는 젖은 신문지에 싼 후 랩이나 비닐 봉투에 넣어서 냉장 보관한다. 냉장 보관할 때 눕혀 두면 둥글게 말리므로 세워서 보관하는 것이 좋다. 냉동시켜 보관해도 된다.

〔연구 특허〕

아스파라거스 추출물을 이용하여 숙취 해소용 음료를 만들고, 피부 미백 화장품도 만든다는 특허가 있다. 경상대와 남해마늘연구소 등의 연구 결과 울금 · 백년초 · 알로에 및 아스파라거스가 혈청 지질 개선에 미치는 영향을 비교 분석한 결과, 혈중 중성지질의 함량이 대조군에 비해 아스파라거스 추출 분말 첨가군에서 가장 낮은 함량이었다는 연구가 있으므로 고 콜레스테롤 혈증 개선에 유효하다는 점이 확인되었다.

아피오스

인디언 감자

재배환경	우리나라 전역 물 빠짐이 좋고 흙이 부드러운 사질양토
성분효능	전분 · 단백질 · 철분 · 제니스테인(사포닌) · 칼슘 / 천연 칼슘 보충, 과산화지질 분해, 아토피 피부염 개선
이용	꽃차 · 음료 식재료, 아토피 피부염 치료약, 화장품 원료

- 영문명 Apios
- 학명 *Apios americana* Medikus
- 콩과 / 여러해살이 덩굴식물

〔특징〕

아피오스는 땅속줄기에 덩이줄기가 형성되는 덩굴성 콩과 식물이다. 북아메리카 인디언의 식량 작물이라고 하여 '인디언 감자'라고도 하고, 작은 덩이줄기가 줄줄이 달리고 콩과 비슷한 꼬투리가 생기므로 '콩감자'라고도 한다. 감자보다는 수확량이 떨어지므로 식량작물로서 주목 받지 못하다가 20세기에 접어들면서 그 영양학적인 가치 때문에 주목 받고 있다.

아피오스 뿌리는 전분과 단백질이 주성분인데, 단백질은 일반 덩이줄기에 비하여 3배 정도 풍부하다. 또 다른 성분으로 철분·제니스테인(사포닌의 일종)·칼슘이 들어 있는데, 칼슘은 감자에 비하여 10배 정도 풍부하여 간식으로 이용하면 성장기 어린이에게 좋고 노약자에게 천연의 칼슘을 보충할 수 있다. 제니스테인 성분을 암을 유발하는 과산화지질을 분해하는 것으로 알려져 있다.

〔개화〕

6월 말부터 7~8월까지 피고 지기를 반복한다. 아피오스의 꽃은 꽃술이 없어서 벌이나 나비가 오지 않는다.

〔재배〕

아피오스는 감자처럼 종구를 심어서 번식시킨다. 종구의 크기는 4~7g 정도가 적당하며, 1년 이상 완숙된 발효 퇴비를 시비한 밭에 멀칭을 한 뒤 30~40cm 정도의 간격을 두고 종구를 심는다. 아피오스의 수확은 퇴비의 질과 량에 비례하고, 따뜻한 곳일수록 더 크게 자란다. 줄기가 타고 올라갈 수 있도록 튼튼한 버팀대와 망을 설치해야 한다. 아피오스 도입 초기에는 준 고산지에서 재배하였으나 지금은 남해안 섬 지방까지 재배하고 있다.

〔이용〕

아피오스의 맛은 감자와 비슷하지만 달콤하여 밤 맛도 느낄 수 있다. 약간의 독성이 있어서 날것으로는 먹지 않고, 굽거나 찌거나 기름에 튀겨서 먹는다.

아피오스 꽃

아피오스 씨앗(위) / 아피오스(아래)

아피오스 재배

분홍색과 갈색이 있는 아피오스 꽃이 예쁘기 때문에 관상용 덩굴 식물로 활용할 수도 있다. 맛이나 향이 아까시나무의 꽃과 비슷하며 식용할 수 있다. 꽃과 설탕을 버무려서 발효액을 만들거나, 깨끗하게 다듬은 뒤 소금물로 잘 헹구고 저온에서 덖어서 2~3일간 말리면 아피오스 꽃차가 된다.

일반적으로 아피오스는 열매를 잘 맺지 않는데 콩깍지가 잘 달리는 품종도 있다. 아피오스 콩은 스튜나 스프에 넣어서 요리하면 좋다.

〔연구 특허〕

아피오스 추출물로 음료를 만들거나 화장품 또는 아토피 피부염 치료약을 만드는 특허가 있다.

앵초

앵초

앵두 꽃을 닮은 꽃

- 영문명 Primrose
- 학명 *Primula sieboldii* E. Morren
- 앵초과 / 여러해살이풀
- 생약명 櫻草根(앵초근)

재배 환경	중부 지방의 산지 계곡 바닥면, 잡목림 아래 습기가 충분한 토양, 물 빠짐이 좋고 비옥한 토양의 반음지
성분 효능	사쿠라소사포닌 · 플라본 / 거담제, 신경통 · 류머티즘 개선 효과
이용	관상식물, 나물 · 부각 등의 식재료, 간경화 치료제

〔특징〕

앵초는 중부 이북 지역의 산지 계곡에 자생하는데, 잎은 잔주름이 많고 식물 전체에 부드러운 털이 있다. 꽃은 잎 사이에서 나는데 하나의 꽃줄기에 10여 개가 산형꽃차례를 이루어 달리며, 붉은 보라색 또는 드물게는 흰색이 핀다. 어린순은 나물로 먹고 뿌리를 포함한 식물 전체를 약으로 쓰며, 관상용으로 심는다. 우리나라의 앵초류는 10여 종 있는데 깊은 산에 자생하는 큰앵초 · 설앵초 등이 있다.

뿌리에는 거담 작용을 하는 '사쿠라소사포닌(Sakurasosaponin)'이 들어 있어 유럽에서는 감기와 기관지염 등에 거담제로 사용하고, 신경통 · 류머티즘에도 사용한다. 한방에서는 앵초 · 큰앵초 · 설앵초의 뿌리를 모두 '앵초근(櫻草根)'이라고 하여 해수 · 천식의 약으로 쓴다.

앵초는 '앵두나무'의 '앵(櫻)'과 풀 '초(草)'로 이루어진 이름이다.

〔개화〕

4~5월경 홍자색의 꽃이 핀다. 흰 꽃이 피는 앵초(변이종)도 있다.

〔분포〕

우리나라 전역의 산지, 중국 동북부, 일본, 러시아 등지에 분포한다.

〔재배〕

자생환경을 살펴보면 산지의 계곡 바닥면이나 잡목림 아래의 습기가 충분한 토양에서 군락으로 자생하는데, 물이 흐르는 골짜기의 사면에 개체 수가 많다. 앵초는 북방계 식물로 내한성이 강한 편이며, 배수가 잘 되고 비옥한 토양의 반음지에서 잘 자란다. 종자 번식은 7~8월경 씨앗을 받아 보관하시 않고 바로 파송한다. 가을에 포기나누기를 하여 화단이나 화분에 이식해도 된다. 재배 조건이 까다롭지 않으므로 다양한 원예종이 개발되어 있어 쉽게 모종을 구할 수 있다.

산지에 직접 재배하는 경우 건조에는 약하므로 수분이 보존되는 계곡 주변이 좋다. 꽃이 필 무렵에는 햇볕을 좋아하지만 여름철 강한 햇볕에는 잎이 타 버리므

앵초 어린순(위) / 흰 앵초(아래)   앵초

앵초

로 활엽수림 하부에 심어서 여름철에는 나뭇잎이 가림막 역할을 하면 좋다.

〔이용〕

앵초는 꽃이 아름다워서 화분이나 화단에 심어서 관상용으로 기른다. 앵초는 자연 번식이 비교적 잘되는 식물이므로 서식 환경이 맞는 산자락에 앵초 몇 포기를 심어 두면 씨앗이 퍼져서 그 주변을 앵초 밭으로 만들 수 있다. 나물로도 이용하지만 흔한 식물이 아니므로 자주 맛볼 수 있는 나물은 아니다. 이른 봄에 어린순을 나물로 먹는데, 쓴맛이 없으므로 데쳐서 헹구어 바로 들기름과 함께 된장이나 간장에 무쳐 먹고, 된장국에도 넣는다. 튀김가루에 묻혀서 튀김이나 부각을 만들어 먹는다. 꽃으로 차를 만들기도 하고 화전을 만들어 먹기도 한다.

〔연구 특허〕

앵초꽃의 플라본을 추출하여 간 섬유화 또는 간경화의 예방과 치료에 이용한다는 특허가 있다.

야콘

야콘

땅속의 배

재배 환경	중부 지방의 토심이 깊고 건조하지 않으며 비옥한 토질. 천연 거름 사용
성분 효능	글루코스 · 프락토올리고당 · 이눌린 / 성인병 예방
이용	나물 · 전 · 주스 등의 식재료, 건강기능성식품, 혈당 강하제, 동물 사료

● 영문명 Yacon
● 학명 *Smallanthus sonchifolius* (Poepp.) H.Rob.
● 국화과 / 여러해살이풀

〔특징〕

야콘은 남미 안데스 산맥이 원산지다. 비교적 따뜻한 곳에서 잘 자라며, 키는 1.5~3m 정도이다. 연한 잎은 생채나 샐러드를 만들어 먹고 잎차나 꽃차도 만든다. 땅속의 덩이줄기는 아삭하고 단맛이 있어서 생으로 먹는다. 숙성되면 단맛이 강해진다. '땅속의 배(Pear in the ground)'라고 한다. 야콘에는 글루코스 · 프락토올리고당 · 이눌린 등이 다량 함유되어 있다. 프락토올리고당은 장내 유산균의 먹이가 되어 소화를 촉진하고, 이눌린은 당뇨나 동맥경화 등의 성인병 예방에 도움이 된다.

〔개화〕

8~9월경 노란색의 꽃이 핀다.

〔분포〕

우리나라 전역에서 재배한다. 남아메리카 안데스 지방의 볼리비아와 페루가 원산지다.

〔재배〕

야콘이 잘 자라는 지역은 안데스 산맥의 동부 경사지 습윤 지대, 강우량이 풍부하고 기후가 온화하며, 최적 온도는 18~25℃ 정도이다. 수확 후 채취한 관아(덩이뿌리와 줄기의 연결 부위)를 월동시켜 보관하였다가 이른 봄에 심어서 싹을 길러 옮겨 심는다. 3월경 온상 등 시설 내의 모판에 관아를 심고, 따뜻하게 해 주고 수분 관리를 해 주면 2주 정도 지나면 새싹이 나는데, 싹이 10*cm*쯤 크면 떼어내어 가식한다. 가식한 모종은 4~5월경 본 밭에 옮겨 심는다. 일반적으로 파종하여 길러 낸 모종을 심는 것이 편리하다. 수확은 서리가 내리기 전에 마치는 것이 좋다.

야콘 꽃(위) / 야콘 어린 잎(아래)

야콘 뿌리줄기(위) / 야콘(아래)

야콘 채취

[이용]

어린순은 약간의 쓴맛이 있으나 쌈채소로 이용할 수 있고, 데쳐서 무침이나 국거리로 이용하며, 채 썰어서 전을 부쳐 먹기도 한다. 야콘 뿌리는 생으로도 먹는데 단맛이 있고 아삭아삭한 식감이 좋다. 야콘은 수분이 많으므로 햇볕에 말려 껍질이 약간 쭈글쭈글해질 때까지 후숙시키면 단맛이 강해진다. 다른 과일과 섞어서 과일 샐러드를 만들거나 야콘 주스를 만들어도 좋다. 야콘 즙을 달이면 조청을 만들 수 있다. 단맛은 강하지만 칼로리는 낮으므로 다이어트 식품이다. 야콘을 얇게 썰어서 말리면 건과일이 되는데 오래 보존할 수 있는 훌륭한 간식거리가 된다. 발효액을 만들어서 음료로 이용하거나 각종 요리에 첨가하고, 발효주나 발효 식초를 만들 수 있다. 분말을 만들어서 야콘냉면·야콘국수 등으로 가공하며, 일본에서는 염장 야콘을 만든다. 야콘 잎은 단백질 함량이 높아서 동물 사료로 쓰인다.

[연구 특허]

특허에 의하면 야콘 잎차·기능성 면·발효 음료·장아찌·피클·고추장·식초·야콘 두부도 만들고, 야콘 잼이나 쿠키 등 여러 가지 식품 제조에 야콘을 이용한다. 또 탈모·전립선 비대증·충치와 치주 질환·혈전증 질환·제2형 당뇨병 예방 또는 혈당 강하제 등을 만든다는 등의 특허가 있다.

양하 꽃

양하

땅속에서 피는 식용 꽃

- 영문명 Mioga Ginger
- 학명 *Zingiber mioga* (Thunb.) Roscoe
- 생강과 / 여러해살이풀
- 생약명 襄荷(양하)

재배 환경	남부 지방의 토심이 깊고 부식질이 풍부한 점토 또는 점질양토. 최저 기온 14℃ 이상, 최고 기온 30℃ 이하인 곳
성분 효능	미오가날 / 천연 항산화제, 입덧 완화, 멀미 진정, 치매 예방
이용	나물 · 김치 · 장아찌 · 떡 등의 식재료, 한약재, 항암제, 사료 첨가제

[특징]

양하는 열대 아시아가 원산지로, 독특한 향이 있으며 예로부터 남부 지방 특히 제주도에서 많이 심었다. 제주도에서는 '양애'라고 불린다. 잎과 줄기가 생강과 거의 유사한 형태로 여름과 초가을에 담황색의 꽃이 피며, 꽃봉오리를 식용한다. 늦은 봄에는 양하의 줄기를 요리해서 먹고, 가을에는 꽃봉오리를 먹는다. 8월 추석 상에 나물로 오르며 양하장국을 끓이기도 한다. 양하 꽃대 특유의 매운맛 성분은 미오가날(mioganal)로서 천연 항산화제로서의 가능성이 확인되었다. 특히 양하는 꽃대가 다른 부분에 비해 가장 높은 항산화 활성을 보이며, 특히 아세틸콜린에스터라아제 저해 활성이 높다고 보고된 바 있다(아세트콜린에스터라아제는 아세틸콜린을 분해하는 작용을 하는데, 아세틸콜린이 과량 축적되면 신경계의 혼돈 또는 근육 마비 및 쇼크 등이 올 수 있다).

매운맛이 나는 생강류는 한약 재료로 많이 쓰이지만, 뿌리줄기를 온갖 요리의 양념으로 많이 쓴다. 현대인의 대부분의 질환은 '냉증'이라고 하는데 성질이 따뜻한 생강 성분은 몸을 따뜻하게 만들고 소화흡수를 돕기 때문에 현대인에게 꼭 필요한 식품이다. 생강은 속이 거북하거나 메스꺼움, 딸꾹질 등을 멈추는 작용이 있다. 또한 임신부의 입덧도 완화시키며, 멀미도 진정시키는 작용을 하는데 생강은 뇌에 작용하지 않고 장에 작용하기 때문에 졸음 등 부작용이 없다고 한다. 최근에는 건망증 및 기억력 장애 관련 질환에 도움이 된다는 특허가 있다. 생강 종류로는 태국 등 동남아시아에서 재배하는 흑생강·핑거루트 등이 있고, 우리나라 남부 지방에서 재배하는 양하, 열대지방의 토치진저 등이 있는데 양하와 마찬가지로 토치진저도 꽃을 주로 이용한다.

[개회]

8~10월경 황색의 꽃이 핀다.

[재배]

양하는 고온성 식물이지만 반음지에서 생육이 양호한 내음성 작물로서 14~15℃

양하 꽃

양하 잎줄기

양하

이하, 30℃ 이상에서는 생육 장애가 생긴다. 종자가 잘 맺히지 않아 지하경으로 영양번식시키는데, 뿌리는 길게 뻗지 않고, 잔뿌리가 적어 건조, 습해에 약하다. 토양은 토심이 깊고 부식질이 풍부한 점토 또는 점질양토가 적합하다. 노지 재배 시 4~5월경 10~11월경 싹이 튼 종근을 심는다. 차광막 설치가 가능한 곳은 30% 정도 햇볕가림, 물 빠짐이 좋게 이랑 설치해 준다. 생육 초기에는 톱밥 등으로 덮어 주어서 햇빛을 막고 습도를 보존해 준다.

〔이용〕

양하는 생강류 특유의 매운맛 때문에 생강 대용으로도 이용할 수 있는 식재료로서 주로 꽃봉오리를 이용한다. 덜 핀 꽃봉오리를 생으로 샐러드를 만들어 먹거나, 무침·튀김·전·산적·피클·장아찌 등 다양한 요리로 이용할 수 있다. 뿌리와 줄기로 김치를 담근다. 꽃봉오리로 차를 끓여 마시고, 양하죽·양하묵·설기떡을 만들기도 한다. 음식의 비린내나 누린내를 잡아 주므로 생선이나 육류 요리에 곁들이면 좋다.

〔연구 특허〕

최근 연구에 의하면, 양하 추출물 특히 꽃봉오리 부위를 열수 추출했을 때 항산화 활성, 아세틸콜린에스터라아제 저해 활성, 인지 기능 및 학습 능력 증진에 효과적으로 작용하여 천연 치매 예방물질 소재로서 이용 가치가 높다는 연구가 있으므로 노인에게 좋은 식재료이다. 일본에서는 샐러드나 생선구이 등에 이용하는 대중적인 식재료로 사용되며 '묘가(茗荷)'라 부른다.

　최근 특허에 의하면, 퇴행성 뇌질환 예방 및 치료약·비만 치료 및 개선용 조성물·암 증식 억제용 조성물·염증성 질환의 예방 및 치료용 조성물·항균제 및 미생물에 의해 발생하는 질병의 치료제 또는 사료 첨가제를 양하 추출물로 만들 수 있다는 연구가 있다.

얼레지

얼레지

이른 봄의 우아한 여인

재배 환경	중부 지방의 낙엽수림 아래 반음지 물 빠짐이 좋은 비옥한 토질
성분 효능	녹말, 안토시아닌 / 신장질환 · 변비 · 복통 개선
이용	관상식물, 나물 · 묵나물 · 녹말 등의 식재료, 한약재

- 영문명 Dog-tooth Violet
- 학명 *Erythronium japonicum* (Balrer) Decne.
- 백합과 / 여러해살이풀
- 생약명 車前葉山慈姑(차전엽산자고)

〔특징〕

얼레지는 우리나라 전역의 산지에서 자생하는 백합과의 여러해살이 구근식물이다. 녹색의 잎에 얼룩이 있어서 '얼레지'라고 한다. 봄철 무리 지어 꽃대를 올리는 홍자색의 아름다운 꽃은 지나가는 눈길을 끌기 충분하다. 얼레지는 한낮이 되어 기온이 올라가면 꽃잎을 뒤로 젖히고, 해가 저물어 가면 꽃잎을 닫는다.

얼레지 꽃은 저지대보다 고산지대로 갈수록 색이 짙은데, 붉은 계통의 색소 배당체인 안토시아닌 함량이 고산일수록 높다. 꽃이 핀 전초를 묵나물로 이용하고, 타원형인 구근(알뿌리)에서 추출한 녹말은 구황작물로 이용한다. 얼레지는 신장질환·변비·복통 등에 약용하는데 생약명은 '차전엽산자고(車前葉山慈菇)'라 한다. 참고로, '산자고'라는 식물은 따로 있다.

〔개화〕

3~5월경 홍자색의 꽃이 피는데 드물게 흰색의 꽃도 핀다.

〔분포〕

제주도를 제외한 우리나라 전역의 계곡이나 낙엽수림 하부, 중국 북부·일본·사할린 등 동북아시아.

〔재배〕

얼레지는 주변의 활엽수들이 잎을 펼치는 초여름에는 지상부가 말라 버린다. 연중 생육 기간이 짧고, 종자가 발아하여 개화하기까지는 5~6년이 걸리며, 잎이 한 장인 어린 개체는 꽃을 피우지 못한다. 생육 환경은 낙엽수림 하부의 반쯤 그늘지고 배수가 잘되는 비옥한 토질을 좋아한다. 5~6월경에 살 여문 종자를 바로 파종하고 습도를 잘 유지해 주면 이듬해 봄에 발아하는데, 해마다 구근이 깊이 들어가서 30cm 정도까지 들어간다.

구근 이식은 성공률이 매우 낮다. 집단 서식하는 군락지의 환경을 살펴보면 땅 가깝게는 비옥한 토질이지만 땅속 깊숙한 아래쪽은 자갈층인 경우가 많다. 얼레

얼레지 새순(위) / 흰얼레지(아래)

얼레지와 노루귀

얼레지 군락

지 군락지에서 발생한 1~2년생 어린 개체를 땅속 30~40cm 아래가 자갈층인 토양에 이식해 볼 필요가 있다. 제주도에는 자생하는 얼레지가 없다.

〔이용〕

꽃이 핀 얼레지 전초를 나물로 이용한다. 미량의 독성이 있어서 생으로는 먹지 않고 데쳐서 들기름에 볶아서 먹거나 산채 비빔밥에 넣고 묵나물을 만든다. 얼레지 꽃으로 꽃차 · 발효액 · 식초 · 담금주를 만들고, 조청이나 식혜를 만들 수 있다. 구근(알뿌리)으로 알뿌리 조림을 만들고, 녹말을 추출하여 각종 요리에 사용한다. 북한에서는 얼레지 녹말로 떡이나 국수를 만들어 먹는다. 얼레지를 자연스럽게 키워서 산자락의 유휴지를 나물밭 또는 꽃밭으로 만들고, 안정적으로 번식시켜 화분으로도 이용할 수 있으며, 얼레지 꽃 장식물도 만들 수 있다.

〔연구 특허〕

최근 연구에 의하면 얼레지 추출물은 생리 활성 및 항균 활성이 있고 복수암이나 백혈병계 암 종류에 생명 연장 및 암 세포 수 감소의 효과를 보였다는 등의 보고가 있다.

특허를 살펴보면, 얼레지 추출물을 이용하여 항암제 · 천식 치료약 · 천연 항균제를 만들고, 화장품의 재료로도 얼레지가 이용되고 있다.

엉겅퀴

엉겅퀴

가시는 있고 독은 없다

- 영문명 Ussuri thistle
- 학명 *Cirsium japonicum* var. *maackii* (Maxim.) Matsum.
- 국화과 / 여러해살이풀
- 생약명 大薊(대계)

재배 환경	우리나라 전역 볕이 잘 드는 곳, 물 빠짐이 좋고 보수력 있는 토양
성분 효능	실리마린 / 항산화 작용, 간 기능 개선
이용	나물 · 장아찌 · 발효주 등의 식재료, 한약재, 간 기능 개선제, 화장품 원료, 농약 원료

엉겅퀴는 우리나라 전역의 산기슭과 들판에서 자라며, 엉겅퀴 종류는 여름철에
자주색 · 붉은색 · 흰색의 꽃이 핀다. 전 세계에 250여 종이 있는데, 우리나라에는
큰엉겅퀴 · 지느러미엉겅퀴 · 바늘엉겅퀴 · 고려엉겅퀴 · 정영엉겅퀴, 물엉겅퀴
등 10여 종이 있다. 이중 고려엉겅퀴는 '곤드레'라는 나물로 이용하고, 울릉도에만
자생하는 물엉겅퀴는 '섬엉겅퀴'라고도 하는데, 울릉도에는 초식동물이 많지 않
아 가시가 없도록 진화한 식물이므로 나물로 이용하기가 좋다. 깊게 내려가는 뿌
리가 우엉 뿌리를 닮았다 하여 '산우방'이라고 한다.

'엉겅퀴라'는 이름은 꽃이 지면 꽃술 모양이 얽히고설킨 머리칼처럼 보이기 때
문이라고도 하고, 출혈 증상에 쓰면 피가 엉긴다는 데서 유래되었다는 설도 있
다. 연한 잎과 줄기는 나물로 먹으며, 엉겅퀴 종류의 전초는 '대계(大薊)'라고 하여
정(精)을 기르고 혈(血)을 보하는 약재로 쓴다. 토혈 · 산후 출혈 등 여러 가지 출
혈증에 뚜렷한 효능이 있고, 유방암을 치료하고, 태아를 안정시키며, 어혈을 풀어
준다. 비슷한 식물인 조뱅이는 '소계(小薊)'라 한다.

서양의 엉겅퀴 종류 중에는 아티쵸크 · 밀크시슬 등이 있는데, 이들 엉겅퀴
류 식물에는 간 기능을 개선하는 '실리마린(silymarin)'이라는 항산화 성분이 많다.
우리나라의 엉겅퀴 · 큰엉겅퀴 · 고려엉겅퀴도 실리마린을 많이 함유하고 있다.

아티초크는 얼핏 보면 우리나라 엉겅퀴와 비슷하지만 꽃봉오리가 더 크며, 덜
자란 꽃봉오리를 고급 식재료로 이용한다. 천연 인슐린으로 불리는 이눌린(inulin)
이 풍부하여 당뇨병에 좋고, 숙취를 해소하며, 혈중 콜레스테롤을 낮추는 등, 간
기능을 개선시킨다. 스페인에서는 '카르둔(ardoon)'이라는 엉겅퀴 종류를 고급 요
리 재료로 이용하는데, 카르둔은 아티초크와 엉겅퀴의 자연교배 품종이라고 한다.

밀크시슬은 잎맥을 따라 흰 얼룩무늬를 가지고 있어서 밀크시슬(우유엉겅퀴)이
라 한다. 고대 그리스 로마 시대 이후로 여러 가지 다양한 병증에 사용되어 왔는
데, 특히 간에 이상이 있을 때 이용해 왔으며, 서양에서 건강식품 순위를 꼽을 때
항상 상위에 오르는 작물이다. 아티초크와 밀크시슬도 우리나라의 자생하는 엉겅
퀴류와 함께 재배해 볼 가치가 있다.

큰엉겅퀴   지느러미엉겅퀴

엉겅퀴 어린순

〔개화〕

6~8월경 붉은색 또는 자주색의 꽃이 핀다. 흰가시엉겅퀴나 정영엉겅퀴는 흰색으로 핀다.

〔분포〕

우리나라 전역의 산지, 들판, 길가에서 자란다. 중국, 우수리, 일본 등에 분포한다.

〔재배〕

엉겅퀴는 양지식물이어서 햇볕이 잘 드는 곳이 좋다. 또 배수는 잘되지만 보수력도 있는 토양에서 잘 자란다. 번식력이 강하지만 건조가 계속되면 생육이 불량해진다. 가을에 씨앗을 채취하여 바로 직파한다. 두둑을 만들어서 뿌려 주면 싹이 잘튼다. 야생에서 뿌리를 캐서 심어서 번식시켜도 된다. 밭둑이나 하천변 등 공한지에서 자연스럽게 키우면 좋다. 토양 습도가 있는 무덤가에 씨앗이 퍼지면 엉겅퀴가 밭을 이룬다.

〔이용〕

엉겅퀴는 어린순·줄기·꽃·뿌리 등 전초를 식재료로 이용한다. 어린순은 싱싱한 상태로 데쳐서 나물·튀김·전을 만들어 먹고, 뿌리는 초무침으로 요리한다. 분말을 만들어서 된장국이나 수제비 등 각종 요리에 첨가한다. 엉겅퀴 발효액은 음료나 요리할 때 다양하게 쓰이며, 발효주나 발효 식초를 만들 수 있다. 가시가 거의 없는 물엉겅퀴(섬엉겅퀴)를 식재료로 이용하면 더욱 좋다. 엉겅퀴 꽃으로 꽃차를 만들어도 좋은데, 엉겅퀴의 실리마린계 페놀 및 플라보노이드 함량은 뿌리보다 꽃 추출물에서 더 높았다는 연구도 있기 때문이다.

〔연구 특허〕

최근 연구에 의하여 엉겅퀴는 간 손상에 의한 간성상세포의 활성(간성상세포가 활성화 되면 간경변 등, 간 섬유종과 관련이 있음)을 억제하는 효능이 있고, 항 위염 및

섬엉겅퀴(위) / 조뱅이(아래) 바늘엉겅퀴

엉겅퀴

위궤양 효과도 확인되었으며, 특허에 의하면 비만 치료 · 불면증 개선 · 혈당 강하 및 당뇨 치료 · 숙취 해소 음료 등을 엉겅퀴로 만들고, 엉겅퀴 씨껍질 추출물은 염증성 질환 치료약이 된다. 또 화장품의 원료가 되거나 식물병 방제약도 만들고, 가수분해 효소를 처리하면 실리마린을 효율적으로 추출할 수 있다는 등의 다양한 연구가 특허로 출원되고 있다.

연꽃

연꽃

처염상정(處染常淨)

- 영문명 Lotus
- 학명 *Nelumbo nucifera* Gaertn.
- 수련과 / 여러해살이풀
- 생약명 石蓮子(석련자), 蓮子肉(연자육), 蓮實(연실), 蓮子(연자)

재배 환경	우리나라 전역 15℃ 이상이 6개월 이상 지속되는 지역의 수심은 1m 정도, 물의 흐름이 없거나 완만한 곳
성분 효능	미네랄·비타민·필수 아미노산 / 신체 허약·위염·불면증 개선
이용	고급 식재료, 한약재, 화장품 원료

〔특징〕

연꽃은 연못에 자라는 물풀로서 식용 또는 약용하기 위해 논에서 재배하기도 한다. 진흙에 뿌리를 내리지만 아름다운 꽃을 피우고, 잎은 물방울도 묻지 않는 청정함이 있어 유불선(儒佛仙) 3교의 사랑을 받아 왔다. 수련을 연으로 부르기도 하지만 서로 다른 종이며, 수련의 잎은 연처럼 물 위로 자라지 않고 수면에 떠 있으며, 꽃의 크기가 작다. 유사종으로 어리연꽃·가시연꽃·개연꽃 등이 있다. 연꽃은 인도, 베트남의 국화이고, 한 포기도 자생하지 않는 몽골에서도 국화로 삼고 있다.

연꽃은 잎, 열매, 뿌리를 식용하거나 약용한다. 한방에서 잎은 수렴제·지혈제로 사용하고, 땅속줄기인 연근은 미네랄과 비타민의 함량이 높고 식감이 좋아서 고급 식재료로 활용되며, 건위제·지사제로 이용된다. 연실은 신체 허약·위염·불면증 등의 치료제로 이용하거나 건강식으로 활용한다. 연실의 메티오닌 성분은 체내 합성이 불가능해 먹어서 섭취해야 하는 '필수 아미노산'의 한 종류로, 혈관 속 혈전을 녹이고 노폐물을 배출하게 만든다.

〔개화〕

7~8월경 분홍색이나 흰 꽃이 핀다. 열매는 9~10월경 검게 익는다.

〔분포〕

우리나라 전역에서 키운다. 일본, 인도, 베트남 및 아시아 남부와 호주 등에 분포한다.

〔재배〕

습지나 연못, 논에 파종하거나 가을이나 이른 봄에 2~3마니의 눈이 있는 연뿌리를 심는다. 종자 번식은 발아와 성장에 시간이 많이 걸리는 반면, 뿌리 나누기하여 재배한 것이 빨리 자란다. 연꽃의 경제적 재배 적지는 평균온도 15℃ 이상이 6개월 이상 지속되는 지역이다. 토양 온도 8℃ 이하가 되면 생육을 멈춘다. 수심은 1m 정도, 물의 흐름은 없거나 완만해야 한다. 연꽃이 번식하게 되면 연잎이 햇빛

연꽃

수련(위) / 남개연(아래)

연밥

연근(위) / 연근밥(아래)

을 차단하여 다른 수생식물의 번식을 막는 작용을 하므로 연꽃 밭이 된다. 식용 연꽃은 전통적으로 대구·광주·경남 함안·전남 무안·경북 고령에서 많이 재배해 왔고, 전남 함평·전북 정읍·경기 김포·시흥·강화 등에서도 재배한다. 대규모로 재배할 경우, 농업 전문가의 도움이나 관련 서적을 참고하는 것이 좋다.

〔이용〕

연꽃은 수반에 심어서 조경용으로 키우기도 한다. 대구 홍련과 무안 백련이 유명한데 홍연은 주로 뿌리, 백연은 꽃이나 잎을 이용한다. 열매는 식용하고, 잎은 연잎차 또는 연잎밥의 재료로 사용하며, 꽃도 꽃차를 만들고, 뿌리는 좋은 반찬의 재료이고, 분말과 전분 제조에도 쓰이는 등 연꽃의 모든 부위를 식용할 수 있다. 연잎장아찌·연근장아찌·연자장아찌를 담고, 연잎주·연꽃주 등 전통 발효주나 간장·된장을 만들 때도 쓴다. 연근샐러드·연근물김치·연근전·채소연근튀김·연근피클·연잎돈가스·연근들깨즙탕·연잎수육·연잎칼국수·연잎삼계탕·떡갈비 등 다양한 요리법이 개발되어 있다.

〔연구 특허〕

최근 연구에 의하여 연꽃의 잎과 뿌리는 혈당을 낮추고, 혈중지질을 개선시키며, 항산화 및 아질산염 소거능이 있고, 뇌신경 보호하는 효과가 있으며, 구강 위생균 등에 대한 항균 효과가 있음이 확인되었다. 또 연꽃 또는 연잎의 발효 추출물은 피부 유해균을 막고, 피부 면역 증강 및 보습력을 향상시키고, 잎과 줄기 및 뿌리로 만든 목욕제는 피로 해소, 아토피성 피부염을 개선시키며, 연꽃 추출물을 첨가한 연 경옥고(통상의 경옥고는 인삼, 복령, 지황 및 꿀로 만든다)는 피부 주름 개선 및 항 노화 작용이 있다는 내용의 특허가 있다.

열대시금치

열대시금치

칼슘이 풍부한 인디언시금치

● 영문명 Malaba Spinach / Indian spinach
● 학명 *Basella alba* L.
● 낙규과 / 두해살이 덩굴식물

재배 환경	온실. 남부 지방에서 노지재배, 중부 지방에서 시설 재배
성분 효능	카로틴(비타민 A) · 비타민 C · 칼슘 칼슘 · 철분 / 해열 · 해독, 당뇨병 개선
이용	쌈 · 나물 · 국거리 등의 식재료, 식용 색소, 관상식물

〔특징〕

열대시금치는 동남아시아가 원산지인 덩굴 채소로, '말라바시금치' 또는 '인디언시금치'라고도 한다. 중국 황실에서 먹던 채소라는 뜻에서 '황궁채(皇宮菜)'라고 하고, '바우세'라고도 부른다. 자주색계(Basella rubra ; 적바우새)와 녹색계(Basella alba ; 청바우새)가 있는데 녹색계는 줄기가 길게 자라지 않는 반면, 자주색계는 1~4m까지 자란다. 칼슘 함유량은 일반 시금치의 45배, 철분은 8배 정도이며 성장기 어린이나 노약자에게 좋다.

『강원신문』에 실린 열대시금치 관련 기사는 다음과 같다.

삼척 세계유기농수산연구교육관이 새로운 소득 작물인 열대시금치 시험재배에 성공하여 기대를 모으고 있다. 삼척시는 지난 5월부터, 세계유기농수산연구교육관과 하장, 근덕 등 지역 4농가의 노지 및 하우스 1,000㎡에서 실증시험을 추진한 결과, 지난 6월 말부터, 열대시금치 수확을 시작하여 8월 현재, 열대시금치 수확이 절정에 이르렀다. 시는 시험 수확한 시금치를 기존 산나물 거래 고객들을 대상으로 시범 판매하고, 소비자 반응 조사를 실시할 계획이다. 또한 열대시금치를 새로운 소득 작물로 보급하기 위하여 오는 9월 말 실증시험을 마무리하고, 내년부터 본격적인 재배 및 판매에 들어갈 계획이다. 관내 채소 재배농가의 경우 여름철인 6~8월의 고온기에 적당한 작물이 없어 채소의 연중재배가 어려웠으나 열대시금치는 여름철 생육이 안정적이고 수확량이 많아 틈새 작목으로 활용하면 농가 소득 면에서 유리할 것으로 기대된다. 열대시금치는 동남아 원산의 덩굴성 채소로 일반시금치보다 칼슘은 45배, 철분은 8배까지 많은 고영양 작물로 쌈, 샐러드, 국거리 등으로 이용하며, 성장기 어린이 및 노약자에게 최적의 작물로 평가받고 있다. (http://www.gwnews.org/news/articleView.html?idxno=44416)

〔분포〕

말레이시아, 태국 등 동남아시아와 중국 등에서 많이 재배한다.

열대시금치

열대시금치

열대시금치

〔재배〕

성장이 빠른 여름 채소로서 5월에 씨를 뿌려 6월부터 10월까지 수확하는데, 추위에 약하므로 지나치게 일찍 파종하면 싹이 나지 않는다. 지구온난화 진행에 따라 남부 지방에서는 노지재배도 가능하고, 재배기술의 발전에 따라 강원도 삼척에서도 시설 재배한다. 굵은 줄기를 잘라서 삽목을 하고 물을 충분히 주면 새 뿌리를 잘 내리며 뿌리가 내리면 이식하면 된다. 옥상 텃밭에서 펄라이트·코코피트 등 고체배지를 적절하게 혼합해 수경재배할 수도 있다. 자주색계의 열대시금치를 키울 경우 오이처럼 덩굴이 타고 올라갈 수 있도록 버팀대와 망을 설치해 준다. 병해충에는 강한 편이지만 건조에는 약하다.

〔이용〕

카로틴(비타민 A)·비타민 C·칼슘이 풍부하며, 장을 부드럽게 하고 피를 맑게 해 준다. 한방에서는 해열·해독제로 쓴다. 잎이나 연한 줄기는 쌈이나 나물·샐러드·국거리로도 이용한다. 잘 말려서 분말로 만들어 밀가루 음식에 섞으면 맛과 색감을 동시에 즐길 수 있다. 일본에서는 관상용으로 가정의 정원이나 텃밭에 심는다. 잎은 녹색, 줄기는 자주색의 식용 색소로 이용한다. 데칠 때 오래 두면 흐물해져 식감이 나빠지므로 살짝 데쳐서 수산 성분이 우러난 수분을 제거한 뒤 식용한다. 시금치류의 수산 성분은 수산화칼슘(석회) 결석을 만들 수 있기 때문에 칼슘이 많은 멸치 등과는 어울리지 않는다. 살짝 데친 잎과 줄기를 초고추장이나 참기름장에 찍어 먹기도 한다. 생즙이나 생채로 섭취하면 당뇨병에도 효과가 있다.

〔연구 특허〕

열대시금치에 대한 연구는 많지 않으나, 열대시금치를 함유한 소금·젤리 제조방법에 대한 연구 등의 특허가 있다.

오미자

다섯 가지 맛이 주는 건강

- 영문명 Five-flavor magnolia vine
- 학명 *Schisandra chinensis* (Turcz.) Baill.
- 오미자과 / 낙엽 활엽 덩굴식물
- 생약명 五味子(오미자)

재배 환경	중부 지방의 서북향 서늘한 곳, 부식질이 많고 물 빠짐이 좋으며 적당한 습기가 있는 사질양토
성분 효능	시잔드롤 · 시잔드린 / 수렴 · 자양 · 강장
이용	나물 · 차 · 음료 · 술 등의 식재료, 화장품 원료, 의약품 원료

〔특징〕

오미자는 오미자과의 낙엽 덩굴나무로서 햇빛을 찾아서 나무 위로 10m까지 뻗어 올라간다. 맵고 쓰고 달고 시고 짠 5가지 맛이 나서 '오미자(五味子)'라고 한다. 유사종으로 남해안 섬지역이나 제주도에 자생하는 남오미자(*Kadsura japonica* (L.) Dunal)가 있는데 남오미자는 낙엽이 지지 않는 상록의 덩굴이다. 과실은 오미자를 대용하나 과실이 풍성하지 못하고 약성은 오미자에 비하여 약한 편이다. 일반 오미자를 남오미자에 비교하여 '북오미자'라고도 한다. 제주도 한라산에만 자생하는 흑오미자(*Schisandra repanda* (Siebold &Zucc.) Radlk.)도 있다.

오미자에는 시잔드린(schizandrin) · 고미신(gomisin) A 등의 정유 성분이 들어 있고, 지방산인 스테롤(sterol), 유기산인 시트릭산(citric acid), 비타민 C 등이 포함되어 있다. 한방에서 해수 · 천식에 유효하고, 갈증과 피로를 풀어 주는 자양강장제로 사용한다. 오미자로 술을 담그기도 하는데, 섭취에 따른 인체 안정성은 확인되었지만 혈압을 상승시키는 작용을 하므로 고혈압 환자는 주의해야 한다.

〔개화〕

오미자 꽃은 자웅이주로 홍백색으로 6~7월에 피며 열매는 포도송이 모양으로 8~9월경 붉게 익는다.

〔분포〕

우리나라 전역, 중국, 일본 등 극동아시아

〔재배〕

높은 산 200~1,200m 고지의 숲속 큰 나무 그늘 밑에 주로 서식하며 이웃 나무에 감아 올라가며 자란다. 우리나라 전역에서 재배가 가능하나 가장 이상적인 곳은 서북향의 서늘한 곳이고, 바람이 센 곳은 열매 유실이 많으며, 강한 햇볕이 내리쬐는 곳은 피하는 것이 좋다. 오미자 뿌리는 깊게 내려가지 않고 옆으로 뻗는 성질이 있으므로 부식질이 많고 배수가 잘되지만 적당한 습기가 있는 사질양토에

오미자 꽃(위) / 열매(아래)　　　　오미자 재배(위) / 오미자 수확(아래)

오미자 말린 것(위) / 오미자 막걸리(아래)　　　　오미자 청(위) / 오미자 술(아래)

서 잘 자란다. 번식이 잘되므로 종자 · 삽목 · 분주법 · 휘묻이법 모두 가능하다. 오미자 자생지에는 땅바닥에 어린 개체들이 묘판처럼 밀생하는데 이를 이식해도 된다. 오미자 재배에 관해서는 농촌진흥청의 매뉴얼이 있다.

〔이용〕

오미자의 연한 잎과 순을 따서 데치고 우려서 나물로 무치거나 묵나물 또는 장아찌를 만든다. 익은 열매는 술을 담거나 말려서 차를 우려서 마시는데, 말린 오미자를 찬물에 담가 두면 연분홍빛의 향기나는 차가 된다. 잘 익은 열매로 발효액을 만들고 희석시켜 음료 대용으로 마시거나 발효주나 발효 식초를 만든다. 오미자로 화채 또는 백김치 국물로 이용하고, 식혜 또는 오미자 막걸리도 만든다.

오미자 추출물은 중추신경계를 흥분시켜 강장 작용과 지력 활동과 노동 능력을 향상시키며, 당질대사에 영향을 주어 간장 글리코겐의 이화를 촉진하여 글리코겐의 함량 증가 작용 · 피로 해소 촉진 작용 · 혈압 조절 작용 · 위액 분비 조절 작용이 있어 저혈압 · 동맥경화 · 당뇨병 · 간염 등에 사용되며, 항산화 효과 · 항생 해독 기능 · 습진 및 피부의 염증을 가라앉히는 기능 · 피부 노화 억제 · 항균 · 미백 효과가 있어 화장품에도 사용되고 있다.

〔연구 특허〕

최근 특허에 의하면 오미자는 관절염 · 당뇨 · 심혈관 질환을 치료하고, 간암세포 증식을 억제하는 작용이 확인되었으며, 항암 치료의 부작용을 완화시키는 작용을 하는데 오미자 단독으로도 효과가 있지만 산머루와의 혼합추출물이 더 효과가 있다는 연구가 있다.

울금

울금 / 강황

밭에서 나는 황금

- 영문명 Curcuma
- 학명 *Curcuma wenyujin* Y. H. Chen et C. Ling / *Curcuma longa* Linné
- 생강과 / 여러해살이풀
- 생약명 鬱金(울금) / 薑黃(강황)

재배환경	우리나라 전역 물 빠짐이 좋은 곳에 두둑을 만들고 비닐 멀칭하여 재배한다.
성분효능	커큐민 / 인슐린 분비를 원활하게 하여 당뇨병 개선
이용	식재료, 염색재, 화장품 원료, 의약품 원료, 농약 원료

〔특징〕

울금은 줄기가 곧게 자라서 키가 1~2m 정도이다. 인도를 중심으로 한 열대와 아열대 지역에서 재배되며 줄기와 뿌리를 식용, 약용한다. 뿌리줄기는 통증 완화와 월경불순 개선 효과가 있고, 인도에서는 타박상의 외용약으로 쓰며 카레 등의 향신료로 이용한다. 최근 특용작물로 많이 재배하고 있으나 그 명칭에 대하여 울금과 강황은 조금 혼선이 있다. 울금과 강황 등은 한약재로『당본초(唐本草)』에 처음 수재된 이래 '파어행기(破瘀行氣)'하는 약재로 이용되고 있는데,『당본주(唐本注)』에서 이미 '강황엽근도사울금(薑黃葉根都似鬱金)'이라고 하였듯이 울금과 강황은 기원식물과 약재가 모두 유사하므로 감별이 어려워서 예로부터 기원에 대한 논란이 많았다.

식물명 울금과 강황 및 이와 유사한 아출은 모두 생강과의 식물로서 식물의 뿌리를 유사한 용도로 이용한다는 점에서 구분의 실익은 많지 않지만 엄밀하게 식물명으로 구분해 보면 각각 다른 식물이라고 할 수 있다. 울금과 강황의 기원식물에 대한 연구(울금(鬱金)과 강황(薑黃)의 기원에 관한 연구)는 다음과 같이 결론을 내렸다.

1) 울금의 기원식물은 Curcuma longa L. Curcuma domestics Valet., Curcuma aromatica Salisb., Curcuma Zedoaria(Berg.) Rosc.이며, 약용 부위는 괴근(塊根)이다. 2) 강황의 기원식물은 Curcuma longa L. Curcuma domestics Valet., Curcuma aromatica Salisb. 이며, 약용 부위는 근경이다. 3) 일반적으로는 울금과 강황은 단일종으로서 약용 부위에 따라, 괴근은 울금으로, 근경은 강황으로 명명되었다는 것이다.

〔개화〕

4~6월경 희고 노란 꽃이 핀다.

〔분포〕

우리나라 전역에서 재배하고 있다.

울금(위) / 울금 꽃(아래)　　　　울금 돌솥밥(위) / 울금 가루(아래)

[재배]

울금은 특유의 향이 있고, 환경 적응을 잘하며 병해충에 강하다. 멧돼지도 울금밭
에는 내려오지 않는다. 울금은 과습하면 뿌리가 상하므로 물 빠짐이 좋은 곳에 두
둑을 만들고, 비닐 멀칭을 해서 심는다. 파종 시에는 종자의 눈이 2~3개 정도로
토막을 내어 눈 방향이 하늘 쪽으로 보도록 심는다. 가뭄이 심할 때는 관수를 해
서 토양 습도를 관리해 준다. 꽃대가 올라오면 뿌리에 저장했던 양분이 꽃대로 이
동하면서 목질화되므로 제거한다. 울금은 땅속에 오래 있을수록 커큐민 함량이
증가하지만, 서리가 내리기 전에 수확하는 것이 좋다. 종자용 울금은 아이스박스
나 일반 박스에 흙을 조금 섞어서 보관한다. 대량 재배할 경우 농업기술센터나 전
문가의 도움을 얻어야 실패하지 않는다. 약성이 좋은 보라울금이라는 종도 있지
만 울금의 매력은 전통적인 노란색에 있다.

〔이용〕

울금의 첨가는 식품의 기호성을 높이고 저장성을 좋게 하는 기능이 있다. 울금 굴비 · 울금 어묵 · 울금 국수 · 울금 만두 · 울금 양갱 · 낫토균으로 만든 발효 울금도 있다.

〔연구 특허〕

특허를 살펴보면, 울금 함유 닭고기 육포 · 발효 식초 · 울금 티백차 · 오미자 및 울금을 이용한 기능성 전통 수제 한과 · 기능성 소시지 · 강황 또는 울금을 포함하는 인스턴트커피 등 다양한 특허가 있고, 울금 치약, 새우나 넙치 사료, 울금 폐기물을 바이오매스로 하는 당의 생산 방법의 특허도 있다.

　의약 용도의 특허로는 울금 포함 복합물 추출물을 함유한 면역증강용 조성물, 식욕억제 및 비만의 예방 또는 치료용 조성물, 항건망증 및 기억력 증진용 울금발효액, 홍삼추출물과 울금추출물을 함유하는 운동지속능력 향상용 식품, 비알코올성 간질환의 치료 및 예방용 조성물, 암 예방 또는 치료용 약학 조성물, 인플루엔자 바이러스 감염의 예방 및 치료용 조성물 및 뉴라미니데이즈 활성의 억제용 조성물, 조류, 돼지 인플루엔자 및 신종플루에 대한 항바이러스제, 울금 및 감초 추출물의 혼합물을 유효 성분으로 함유하는 갱년기 증상 예방 및 치료용 약학적 조성물, 전립선 비대증 예방 및 치료를 위한 조성물 등이 있다.

　울금 추출물 또는 데메톡시커큐민을 유효 성분으로 하는 고추 탄저병 방제용 조성물, 벼 도열병 방제용 조성물 등 농업용 약품을 만든다는 특허도 있고, 울금 잎을 함유하는 천연 모기향, 울금 잎 추출물을 유효 성분으로 하는 충치 또는 치주염 예방 및 치료약, 강황 잎 추출물을 유효 성분으로 포함하는 아토피 피부염 개선용 화장품, 강황 잎 추출물 함유 주방세제, 강황 잎을 활용한 기능성 염색직물 등 다양한 용도로 이용되고 있다.

으름

으름덩굴

임하부인

- 영문명 Five-leaf chocolate vine
- 학명 *Akebia quinata* (Houtt.) Decne.
- 으름덩굴과 / 낙엽 활엽 덩굴식물
- 생약명 木通(목통)

재배 환경	중부 지방의 내한성과 내음성이 강하며 보수력이 있고 공기 유통이 잘 되는 반음지의 경사지
성분 효능	당류 / 부인과·신경계 질환 개선, 항산화 및 항암 효과, 간 기능 보호 효과
이용	관상식물, 공예품 재료, 나물·차 등의 식재료, 화장품 원료, 이뇨제

〔**특징**〕

으름덩굴은 줄기가 5m 정도 뻗고, 5~7개의 잎이 멀꿀과 닮았다. 유사종으로 여덟잎으름, 흰으름덩굴 등이 있다. 꽃은 암꽃과 수꽃이 따로 피는데 암꽃이 더 크다. 열매는 키위와 비슷하고, 익으면 저절로 껍질이 벌어지면서 달콤한 백색의 과육이 드러난다. 열매에는 검은 씨앗이 가득 들어 있는데 머리를 맑게 하여 앞일을 미리 알 수 있는 능력을 준다 하여 '예지자(預知子)'라고 하는데 맛은 매우 쓰다. '임하부인(林下夫人)'이라는 별칭을 갖고 있으며, 음력 8월경 익는다 하여 '팔월찰(八月札)'이라고도 하고, 여러 개가 모여서 열매를 맺는 것을 보고 '토종 바나나'라고도 한다. 과피는 두껍다.

  줄기나 뿌리껍질을 벗긴 것을 '목통(木通)'이라고 하여 이뇨약으로 쓴다. 황도연의 『방약합편』에서는 '목통성한 체가녕 소장열폐 급통경(木通性寒滯可寧 小腸熱閉 及通經) : 으름덩굴은 성질이 차고 체기를 풀 수 있다. 소장이 열폐된 것을 열고, 통경하게 한다'라고 하였다. 주로 부인과 · 신경계 질환을 다스리는데, 임산부나 설사자는 복용을 피한다.

〔**개화**〕

4~5월경 자주색을 띤 갈색 꽃이 피고, 9~10월경 열매가 익는다.

〔**분포**〕

우리나라 황해도 이남, 중국, 일본 등지에 자생한다.

〔**재배**〕

자생환경을 살펴보면, 주변에 오미자나 다래 등의 넝쿨식물과 같이 자리고, 개울이나 하천 주변에 개체 수가 많은데, 주변의 나무를 타고 올라가서 실개천을 뒤덮기도 한다. 내한성과 내음성이 강하며 보수력이 있고 공기 유통이 잘되는 곳에서 잘 자라므로 반음지의 경사지에 재배하는 것이 좋다. 씨앗을 발아시켜 번식할 수도 있으나 열매를 맺기까지는 10년 정도 걸린다. 삽목으로도 번식이 잘되며 활착

으름덩굴 꽃(위) / 열매(아래)　　　으름덩굴 열매 수확(위) / 설탕 발효액(아래)

으름덩굴

률이 높다. 으름덩굴은 암꽃과 수꽃이 따로 피는데 같은 개체의 꽃가루로는 수정이 되지 않는 자가불화합성(自家不和合性)이 있으므로 열매를 보려면 여러 개체를 함께 심어야 한다.

〔이용〕

으름덩굴은 관상용 덩굴식물로도 좋다. 밭 주변 계곡에 심어 두면 관리하지 않아도 잘 번식한다.

씨앗을 포함한 열매 전체를 이용한다. 다래와 마찬가지로 봄철에는 수액도 채취할 수 있는데, 골다공증·위장병·당뇨 등에 효과가 있다. 어린순은 데쳐서 나물로 먹고, 줄기는 차를 끓여 마신다. 익은 과일은 식용 가능하며, 발효액을 만들고, 발효주나 발효 식초도 만들 수 있다. 줄기로 바구니 등의 공예품을 만들기도 한다.

〔연구 특허〕

최근 연구에 의하여 항산화 및 항암 효과, 간 기능 보호 효과, 화장품 소재로서 피부 보호 효과 등이 검증되었고, 으름 추출액을 이용한 항암 약품·구내염 치료약·숙취 해소 음료·비만 치료제·피부 자극 완화 화장품이나, 으름 막걸리·으름잎(또는 열매) 식초·으름빵 제조 방법 등 다수의 특허가 출원되었다.

음나무

귀신을 물리치는 거친 가시

- 영문명 Prickly castor oil tree
- 학명 *Kalopanax septemlobus* (Thunb.) Koidz.
- 두릅나무과 / 낙엽 활엽 교목
- 생약명 海桐皮(해동피), 海桐樹根(해동수근)

재배 환경	우리나라 전역의 토심이 깊고 경사가 완만하며 통기성이 양호한 사양토나 양토
성분 효능	베타카로틴 · 비타민 B · 사포닌 · 베터타라닌 / 염증 개선, 관절염 개선
이용	나물 · 장아찌 등의 식재료, 항암제, 면역 활성제

[특징]

음나무는 '엄나무'라고도 한다. 전국의 산기슭에 자생하는데 1,000m 이상의 지역에서도 자라는 생명력 강한 나무이다. 유사종으로 잎 뒷면에 털이 있는 털음나무(Kalopanax septemlobus var. magnificus (Zabel) Hand.-Mazz.)가 있다. 높이는 25m까지 자라고 가지에 가시가 많고 잎은 손바닥을 펼친 모양이다.

이른 봄에 돋아나는 새순을 나물로 먹는데 두릅에 비해 쓴맛이 있으므로 '개두릅'이라고도 한다. 음나무 순은 베타카로틴·비타민 B_2 등이 풍부하여 현대인들이 부족하기 쉬운 무기 영양소 및 비타민을 보충해 주는 건강식품이다. 음나무의 속껍질(내피)을 '해동피(海桐皮)'라 하여 한약재로 쓰는데 사포닌·베터타라닌 등이 다량 함유되어 관절염 등의 각종 염증성 질환과 신장병 치료 및 간 기능 개선 작용이 있다.

[개화]

7~8월경 연녹색의 꽃이 피고, 가을이 되면 콩알 모양의 열매가 검게 익는다.

[분포]

우리나라에는 전역, 중국, 일본, 러시아 북동부 등 동북아시아의 경사진 숲속에 자생한다.

[재배]

음나무는 저지대부터 고지대까지 널리 분포하지만 토심이 깊고, 경사가 완만하며 통기성이 양호한 사양토, 양토 등이 유리하다. 음나무는 종자 번식은 비전문가에게 어려우므로 묘목을 식재하거나 10cm 이상 길게 자른 뿌리 삽목 등으로 번식시키면 된다. 묘목 종류에는 육종된 가시가 없는 음나무 품종도 있다. 비탈진 산이나 유휴지나 산간 경사지와 같은 일반 작목 재배가 어려운 농경지에 심어 두면 잘 자란다. 전국 어디에서나 가능하며 경사가 완만하고 토심이 깊으며 통기성이 양호한 사양토나 양토 토양이 유리하다. 잎이 비교적 넓은 편이므로 어릴 때는 음지에

음나무순

음나무 가지(위) / 음나무 잎(아래)

음나무

서 잘 자라지만 오래 될수록 햇빛을 좋아한다. 음나무는 키를 키우지 않아야 하고, 가지 수를 많게 해야 새순을 수확하기에 좋으므로 전정 작업을 통하여 수형을 다듬으면 더욱 좋다. 완숙 퇴비를 주면 나무의 세력이 좋아져 수량이 증가하고 품질이 좋지만 지나치면 겨울철 언 피해를 받기 쉽다. 최근에는 음나무 새순을 속성으로 출하하기 위해서 비닐하우스에서 묘목이나 뿌리를 삽목하여 대량생산하기도 한다. 일반적으로 엄나무는 병충해에도 강한 편이고, 한 번 심어 두면 장기간 재배할 수 있으며, 많은 일손이 필요하지 않으므로 경영상의 유리한 점이 있고, 산나물로 차츰 알려지고 있어서 수요가 증가하고 있다.

[이용]

두릅처럼 봄철 연한 새순을 살짝 데쳐서 초고추장에 찍어 먹으면 독특한 맛과 향이 있다. 장아찌나 김치를 담기도 하고, 튀김가루를 묻혀서 부각을 만들거나 장떡을 만들어 먹기도 한다. 양념한 찹쌀가루를 묻혀서 살짝 말려서 자반을 만들기도 한다. 잘 말려서 가루를 만들어 두었다가 향신료로 이용할 수도 있다. 음나무 새순을 이용한 채소 만두는 시장성도 있을 것이다.

　예부터 닭이나 오리백숙을 할 때 음나무를 이용하는데, 관절염·신경통·요통에도 효험이 있다. 나무껍질을 넣으면 맛과 향, 효과가 더욱 좋지만 나무를 죽일 수 있으므로 일반적으로는 줄기를 잘라서 넣는다. 또 땅속뿌리 하나를 찾아서 껍질 일부만 벗기고 다시 묻어 주면 나무를 죽이지도 않으면서 오랫동안 이용할 수 있다. 한약재 이름에 해동피, 오갈피, 지골피 등 '피(皮)'가 들어가는 한약재는 약나무의 껍질 부분을 이용하는 것이다.

[연구특허]

음나무 추출물은 항암 또는 면역 활성 효과가 검증되었고, 퇴행성 뇌질환 치료약이 될 수 있다는 특허도 있다.

인동덩굴 꽃

인동덩굴

겨울을 살아서 넘어가는
겨우살이넌출

- 영문명 Golden-and-silver flower
- 학명 *Lonicera japonica* Thunb.
- 인동과 / 여러해살이 덩굴식물
- 생약명 忍冬藤(인동등), 金銀花(금은화), 銀花子(은화자)

재배 환경	우리나라 전역의 햇볕이 충분하고 배수가 잘되는 곳
성분 효능	루테올린 · 이노사이틀 · 로니세라 · 로가닌 · 탄닌 / 염증 억제, 이뇨 작용, 혈압 저하
이용	조경식물, 한약재, 건강기능식품, 동물 사료

〔특징〕

인동덩굴은 우리나라 전역의 산과 들에서 흔하게 자생한다. 꽃을 '금은화'라고 부르는 이유는 흰색과 노란색 꽃이 동시에 볼 수 있기 때문이다. 줄기는 '인동등'이라 하여 약용한다. 맛은 달고 차며 순한 약초로서, 꽃을 따서 그늘에 말려 차로 마시면 향이 좋고, 감기도 예방한다.

인동덩굴에는 루테올린, 이노시톨 · 사포닌 · 탄닌 등의 다양한 성분이 들어 있다. 한방에서는 관절염이나 기관지염 등에 사용해 왔는데 약리적인 실험에서 염증을 억제하는 효능이 확인되었다. 특히 관절 류머티즘 · 골관절염 · 통풍성 관절염에 모두 효과가 높게 나타났으며, 만성폐렴 · 기관지염 · 천식에도 좋은 효과가 있다는 연구가 있다. 또 혈관을 확장시켜 혈압을 서서히 낮추고, 가벼운 이뇨 작용도 있으므로 고지혈증에도 효과가 있다.

〔개화〕

6~7월경 흰색의 꽃이 먼저 피고, 점차 노란색이 나타나며 짙어진다. 열매는 9~10월경 검게 익는다.

〔분포〕

우리나라 전역의 산기슭이나 숲 가장자리, 중국, 대만, 일본 등에 분포한다.

〔재배〕

토질을 가리지 않고 햇볕이 충분하고 배수가 잘되는 곳에 잘 자란다. 내한성도 강하여 전국 어디서나 기울 수 있다. 열매로 번식되지만 덩굴성 식물이므로 뿌리를 잘라서 심거나 줄기를 삽목하면 뿌리를 잘 내리며, 몇 포기 심어 두면 자연 번식도 잘한다. 밭둑이나 울타리, 정원 조경용, 벽면 녹화용으로 심어도 된다. 화분에 심을 때는 버팀대를 세워 주고, 햇빛이 비치는 창가에 둔다.

인동덩굴 새순(위) / 붉은 인동 꽃(아래)　　　인동덩굴 겨울 잎(위) / 인동덩굴 열매(아래)

인동덩굴 꽃이 흰색으로 피었다가 노란색으로 변해 가므로 '금은화'라고 한다.

〔이용〕

꽃을 따서 그늘에 말린 뒤 차로 마신다. 중국에서는 전염성 질환인 사스(SARS) 치료약으로 알려지면서 주목받았다. 최근 연구에 의하면 꽃 추출물이 성장호르몬 유발 효과가 있음이 밝혀지기도 하였다. 가려움증이나 땀띠 등의 피부병이 있으면 말린 인동덩굴을 끓인 물로 목욕한다. 잎·꽃·덩굴을 발효액으로 만들어서 음료로 이용하거나 발효주·발효 식초를 만들 수 있다. 다만 인동덩굴은 성질이 찬 편이므로 몸이 차거나 설사를 하는 사람은 주의해야 한다.

〔연구 특허〕

최근 특허에 의하면 관절염·역류성 식도염·B형 간염·패혈증·당뇨나 비만 치료약·가려움증 치료약을 금은화로 만든다. 돼지유행성설사병 치료약이나 항생 효과를 가진 사료 첨가물에 인동덩굴을 넣는다. 예로부터 소의 유행열(流行熱)이나 인플루엔자와 같은 열성전염병에 해열 및 진통 효과가 있는 인동덩굴을 끓여서 먹였다. 가금류 사료에 인동덩굴을 첨가하면 조류독감을 예방하는 데에도 도움이 될 것이다.

잇꽃

잇꽃

2천 년 전에도 이용한 화장품

- 영문명 False Saffron
- 학명 *Carthamus tinctorius* L.
- 국화과 / 두해살이풀
- 생약명 紅花(홍화), 紅花子(홍화자)

재배환경	남부 지방의 거름이 충분한 밭
성분효능	칼슘 · 비타민 E · 리놀릭산 / 동맥경화 개선, 생리통 완화
이용	나물 · 빵 등의 식재료, 천연 염색제, 식품첨가물, 항암제

〔특징〕

잇꽃은 꽃에서 붉은색 염료를 얻을 수 있으므로 '홍화(紅花)'라고 한다. 잎은 엉겅퀴처럼 가시가 많고, 키는 60cm~1m 정도까지 자란다. 고대 이집트의 무덤에서 잇꽃 씨가 발견되었고, 미라를 감은 천을 염색할 때도 잇꽃을 이용했다고 하며, 한반도에서는 2천년 전의 낙랑 고분에서도 잇꽃으로 물들인 화장품이 발견되었다고 한다. 새색시의 연지 곤지의 재료도 잇꽃으로 만든 것이다.

홍화 어린순은 나물로 이용하고, 씨앗의 기름은 식용하거나 등잔불을 밝히는데 썼다. 씨앗에는 칼슘이 풍부하여 골다공증에 유효하며, 비타민 E와 리놀릭산(linolic acid)이 많이 함유되어 있어서 콜레스테롤 과잉에 의한 동맥경화 등에 좋으며 생리통을 완화시키는 효능도 있다.

〔개화〕

7~8월경 노란색의 꽃이 피었다가 점차 붉은색으로 변한다.

〔분포〕

원산지는 건조한 지역인 이집트나 남아시아로 추정된다. 우리나라를 비롯한 인도, 중국, 남유럽, 북아메리카, 오스트레일리아 등지에서 널리 재배한다.

〔재배〕

9월경 종자를 채취하여 저장하였다가 이듬해 3~4월경 파종한다. 남부 지방에서는 가을에 파종하는데, 봄에 파종한 것보다 가을에 파종한 것이 수확률이 높다. 잇꽃은 충분한 거름이 필요한데, 파종하기 전 질소질 비료를 많이 뿌려서 밭을 갈아준다. 따뜻한 곳에 재배하는 경우 진딧물에 약한데, 구제약으로 고비와 비슷한 식물인 관중 추출물이나, 무화과와 멀구슬나무 및 담뱃잎의 혼합 추출물, 금낭화 추출물, 목초액 등 가급적 천연 재료를 사용하는 것이 좋다. 수확은 수정 후 꽃잎이 조금 시든 듯할 때 채취한다. 대규모로 재배할 경우, 농업 전문가의 도움이나 관련 서적을 참고하는 것이 좋다.

잇꽃(위) / 잇꽃 마른 열매(아래)　　　　잇꽃

잇꽃 말린 것

〔이용〕

꽃이 아름다우므로 화단에 씨를 뿌려서 관상용으로 이용하고, 실내 정원에서 키우기도 한다. 새싹은 '홍화묘(紅花苗)'라 하여 데쳐서 나물로 먹거나 차를 만들어 마신다. 꽃은 '홍화(紅花)'라고 하며, 술에 담거나 신선한 것은 생즙을 내서 복용하고, 설탕과 버무려 발효액을 추출하여 발효주·발효 식초를 만들 수 있다. 홍화에서 천연 식용색소를 추출하여 식품 첨가물 또는 천연 염색에 이용한다.

씨앗은 '홍화자(紅花子)'라 하여 약용 또는 식용하는데, 살짝 볶아서 차로 마시면 혈액순환과 골다공증 및 부러진 뼈를 이어 주는 데 좋다. 홍화씨를 분말로 만들어서 빵·떡·국수·된장·고추장 등 다양한 식품에 적용할 수 있다. 예전에는 씨앗에서 기름을 추출하여 등유(燈油)로 이용하고, 등잔불의 검댕은 먹물로 이용하였다.

〔연구 특허〕

최근 특허에 의하면, 홍화씨 추출물은 골다공증이나 골절 치유 효과가 있고, 혈중 콜레스테롤을 저하시키며, 신장 독성 예방 또는 치료제를 만들 수 있다. 기능성 쌀이나 조미 김·커피를 만들 때에도 홍화씨를 이용하고, 홍화 새싹으로 피부 미백이나 주름 개선 효과를 가지는 기능성 화장품을 만들기도 한다.

농촌진흥청의 연구에서 잇꽃 씨 추출물이 대장암 치료에 사용되는 항암제의 항암 활성을 높이고 부작용인 신장 손상을 줄이는 데 효과 있음이 동물실험으로 확인되었고, 씨앗을 발아시킨 발아 홍화는 항산화 성분인 이소플라본이 다량 함유되어 있고, 저장성 또한 증대된다는 연구도 있다.

자색마

자색마

소화가 잘되는 알칼리성 녹말

- 영문명 Purple Yams
- 학명 *Dioscorea alata*
- 마과 / 여러해살이 덩굴식물
- 생약명 山藥(산약)

재배 환경	남부 지방의 토심이 깊고 비옥한 땅. 중부 이북에서는 시설 재배, 남해안 에서는 노지재배 가능
성분 효능	알칼리성 녹말 · 디아스타마아제 · 콜 린 · 안토시아닌 / 소화 촉진, 위장 기능 향상, 자양강장, 항산화 효과
이용	국수 · 빵 등의 시재료, 건강기능식 품, 화장품 원료

[특징]

우리나라의 안동이나 진주, 익산 등지에서는 참마의 재배가 늘고 있다. 우리나라의 자생 참마와 유사한 열대 또는 아열대 식물이 있는데 'Dioscorea alata'라는 종으로 현지에서는 'Purple Yams'이라고 한다.

일반적으로 마 뿌리는 흰색이지만 자색마는 속이 검붉은색이다. 태국이나 베트남 등이 원산지로서 야생으로 자라지만 동남아시아의 주요 작물의 하나라고 할 수 있다. 열대지방 마 종류 중에는 주로 열매를 수확하기 위해 재배하는 '열매마'라는 품종도 있다. 자색마는 열대성 작물이지만 수확이 용이하고, 육질과 수량성이 뛰어나며 지역 적응성도 높으므로 지구온난화 등과 관련할 때, 우리나라의 남부 지방이나 제주 등지에서 재배하면 새로운 대체 작물로 유망한 품종이다.

마의 생약명은 '서여(薯蕷)' 또는 '산약(山藥)'이다. 『삼국유사』에 백제 무왕의 아명이 서동(薯童, 마를 파는 소년)이었으며, 서동이 청년 시절 신라 진평왕의 딸 선화공주를 사모하여 아이들에게 마(yam)를 나누어 주면서 사랑 노래를 부르게 하여 아내로 맞이하고 훗날 백제의 무왕이 되었다는 기록이 있는 것으로 보아, 삼국시대부터 이미 마가 식용되고 있었음을 알 수 있다. 고려시대에 간행된 『향약구급방』(1236)에 마의 기록이 나오며, 조선시대 구황서에도 구황식물으로 많이 등장하고 있다.

마 종류는 영양가가 매우 높고 대부분 녹말로 이루어져 쌀 등 다른 녹말과는 달리 생으로도 소화가 잘되는 알칼리성 녹말이다. 또 소화 효소인 디아스타마아제도 풍부히 함유하여 소화를 촉진하며 위장과 신장의 기능을 향상시키고, 함께 함유된 콜린 성분은 자양강장 효과가 있다.

우리나라에 분포하고 있는 마는 열대지방의 마에 비해 저온에 잘 견디도록 진화된 것들로 마(Dioscorea opposita, Dioscorea batatas), 참마(Dioscorea japonica), 둥근 마(Dioscorea bulbifera), 도꼬로마(Dioscorea tokoro), 부채마(Dioscorea nipponica), 각시마(Dioscorea tenuipes), 단풍마(Dioscorea quinqueloba), 국화마(Dioscorea septemloba) 등이 있다.

자색마 덩굴   자색마

〔분포〕

필리핀, 태국, 베트남 등 동남아시아.

〔재배〕

마 종류는 씨앗으로도 번식하지만 주아로도 번식하는 식물이다. 일반적으로 뿌리를 육묘하여 심는 것이 편리하고 수확이 빠르다. 자색 마는 30~50g 크기로 잘라서 재나 석회를 묻혀서 2~3일간 말린 뒤, 묘판에다 습도와 온도 조절해서 육묘하면 2~3주 정도 지나면 뿌리와 자색의 싹이 발아된다. 밭을 갈아서 두둑을 만들고 급수하여 땅을 축축하게 한 뒤 비닐 피복으로 멀칭한 뒤 30~40cm 간격으로 육묘를 심어 주고 덩굴이 타고 올라갈 수 있는 지주와 망을 만들어 준다. 자색 마는 뿌리가 깊게 내려가므로 토심이 깊고 비옥한 땅이 좋으며, 적설한 기초 시비와 관수 및 보온이 필요하므로 중부 이북에서는 시설에서 재배하고 남해안 지방에서는 노지재배도 가능하다. 비닐 포대에 배양토를 담고 종마를 심어서 키울 수도 있다. 냉해를 입으면 뿌리가 상하지만 병해충에 강한 작물이므로 재배하기가 편하다. 자색마는 고구마보다 조금 긴 정도로 장마에 비하여 수확이 편하고, 종근을 심으면 여러 개의 뿌리가 생긴다. 조직 배양을 이용하여 플러그묘를 대량으로 생산하는 방법 특허도 있다. 우리나라는 재배 농가가 소수이고 규모도 작지만 중국은 대규모로 자색마를 재배한다.

〔이용〕

마는 수분 · 전분 · 단백질 · 지질 · 비타민 · 미네랄을 비롯하여 다양한 생리 활성 물질을 포함하고 있으며, 아밀로오스(amylose) · 콜린(cholin) · 사포닌(saponin) · 뮤신(mucin) 등의 성분을 함유하고 있다. 자색마에는 항산화 성분인 안토시아닌이 다량 함유되어 있다. 최근 연구에 의하여 콜레스테롤 저하 · 항산화 작용 · 당뇨병 · 대장암 예방 등의 생리 활성 기능이 있으며, 알칼리성 식품으로 여러 가지 소화 효소가 함유되어 있어서 생으로 먹어도 소화가 잘 되어 건강기능식품으로 선호되고 있다. 자색마는 바나나 또는 사과와 함께 갈아 먹기도 한다. 자색마를 이용한 국수 · 빵 · 순대 · 찰떡 · 피자 등 다양한 요리에 접목할 수 있다. 발효액을 만들어 음료로 이용하고, 발효주 · 발효 식초 · 고추장도 만들 수 있다. 피부 보습 및 탄력 증진 효과가 있어서 화장품 원료로도 이용된다.

〔연구 특허〕

「자색마 막걸리 제조 방법」이라는 특허는 다른 색소를 이용하지 않고도 자색마를 이용한 막걸리가 맛과 기능 및 미적 효과도 거둘 수 있다는 발명이다. 자색마의 뿌리와 주아(영아자)의 구성 성분은 비슷하므로 동일하게 이용할 수 있다.

자작나무

자작나무

숲속의 여왕

- 영문명 East Asian white birch
- 학명 *Betula platyphylla* var. *japonica* (Miq.) H. Hara
- 자작나무과 / 낙엽 활엽 교목
- 생약명 白樺皮(백화피), 樺皮(화피), 樺木皮 (화목피)

재배 환경	중부 이북 지방의 햇볕을 잘 받는 양지쪽 높은 산
성분 효능	베툴린 · 트리테르페노이드 · 가울테린 · 베헤닉산 · 자일리톨 / 이뇨 · 진통 · 해열 · 해독
이용	건축재, 가구재, 천연 감미료, 음료, 버섯 재배용 원목, 당뇨병 치료제

〔특징〕

자작나무는 높은 산 추운 지방에 자생하는 나무로서, 우리나라에서는 강원도 고산
지대에 일부 자생한다. 불에 태우면 '자작자작' 소리가 난다고 하여 '자작'나무라
고 한다. 키는 20m까지 자라며, 눈처럼 하얀 껍질과 유려한 수형이 인상적이어서
'숲속의 여왕'이라고 한다. 유사종으로 거제수나무·사스래나무·물박달나무 등
이 있다. 자작나무는 목재의 질이 좋고, 잘 썩지 않으며 병충해에도 강하여 건축재
·조각재 등으로 많이 이용된다. 자작나무류에서도 고로쇠나무처럼 수액을 채취
하는데 맛이 청량하며, 최근 연구에서 뇌 인지 기능을 개선하는 효과가 밝혀졌다.

　북유럽에서는 자작나무 가지로 여성이나 가축의 몸을 두드리면 다산한다고 믿
어 젊은이가 여인을 두드린 가지를 선물하는 풍습도 있었고, 핀란드식 사우나에
서는 자작나무 가지로 피부를 비비거나 때려서 때를 밀고 피부를 단련시킨다.

　하얀 자작나무의 껍질은 불이 잘 붙는다. 결혼식을 올리는 것을 '화촉을 밝힌
다'고 표현하는데, 화촉 재료가 자작나무 껍질이다. 나무껍질에는 베툴린(betulin)
·트리테르페노이드(triterpenoid)·가울테린(gaultherin)·베헤닉산(behenic acid) 등이
들어 있는데, 한방에서는 '백화피(白樺皮)'라는 한약재로 쓰며, 이뇨·진통·해열
·해독 효과가 있다.

　자작나무에서는 차가버섯·상황버섯·말굽버섯·자작나무버섯 등의 다년생
버섯들이 자라는데 모두 인간에게 유용하다. 또한 겨우살이와 차가버섯도 키울
수 있다. 산림청 산림과학원에서는 차가버섯도 균을 인공 접종하여 차가버섯을
재배할 수 있음을 밝혔다. 겨울철 겨우살이 열매를 확보하여 자작나무에 붙이면
활착이 잘된다.

〔개화〕

4~5월경 붉은 노란색의 꽃이 핀다.

〔분포〕

우리나라 중부 이북 지역, 중국, 몽골, 일본, 러시아, 유럽, 북미에 분포한다.

자작나무 새순(위) / 물박달나무 수액 채취(아래)　　　자작나무 말굽버섯(위) / 자작나무 수피(아래)

자작나무 숲

〔재배〕

따뜻한 곳에서도 자라지만 지리산·덕유산 등 높은 산이나 중부 이북 지역의 햇볕을 잘 받는 양지쪽이 좋다. 배수는 잘되지만 보수력도 있는 사질양토가 좋다. 종자 번식도 하지만 봄철에 묘목을 구하여 심는 것이 여러 모로 편리하다. 일반적으로 만주자작나무를 많이 심는다.

〔이용〕

목재는 방수성이 우수하여 북미 원주민들이 카누를 만들었으며, 스웨덴의 이케아(IKEA) 가구는 주로 자작나무로 만든다. 수피는 해열·이뇨제로 이용하는데, 췌장에서 지질과산화물 축적을 강하게 억제하므로 당뇨나 당뇨합병증 치료에 유의성이 있다는 연구가 있다. 또한 수피는 기름기가 많아 습기에 강하고 불에 잘 타므로 강원도 등 고산에서 조난당했을 때 이것으로 불을 피운다. 자작나무의 자일리톨 성분을 추출하여 천연감미료로 사용하며, 이른 봄에 자작나무 수액을 받아 마신다. 자작나무 삼겹살이란 요리도 있다. 살아 있는 자작나무를 이용해서 차가버섯을 키우거나 겨우살이를 재배한다. 자작나무는 버섯이 잘 자라므로 상황버섯 재배용 원목으로 이용할 수 있다.

〔연구 특허〕

특허를 살펴보면, 「자작나무 수피로부터 고순도 베툴린(항암 작용과 진정 작용, 노화 억제 기능) 생산 방법」, 「굴피나무 잎, 자작나무 수피 또는 차가버섯 추출물을 유효 성분으로 하는 폐질환 치료 또는 예방용 조성물」, 「자작나무 수액을 유효 성분으로 함유하는 인지기능 개선용 조성물」, 「자작나무 수액을 유효 성분으로 하는 약제」, 「자작나무 수액을 이용한 된장 및 간장」, 「자작나무 냉면 제조 방법」, 「자작나무 추출물을 포함한 염모제용 조성물 및 제조 방법」, 「자작나무 수피를 이용한 천연 사료 첨가제」, 「자작나무버섯의 원목 재배 방법」 등이 있다. 자작나무의 꽃가루는 알레르기를 일으키는 경우가 있는데, 「사작나무 알레르기에 대한 펩티드 백신」이라는 특허도 있다.

지치

지치

진도 홍주의 원료

- 영문명 Redroot gromwell
- 학명 *Lithospermum erythrorhizon* Siebold & Zucc.
- 지치과 / 여러해살이풀
- 생약명 紫草(자초)

재배 환경	일교차가 큰 중부 지방 이북의 석회암 지대, 토심이 깊고 물 빠짐이 좋은 마사토
성분 효능	아세틸시코닌 / 항균 · 항염증 작용
이용	술 · 떡 재료, 한약재, 암 치류제

〔특징〕

지치는 우리나라 양지바른 산자락에 자생한다. 식물 전체에 털이 있고, 어린 개체
는 뿌리에서 하나의 줄기를 올리지만 해가 갈수록 여러 개의 줄기가 생긴다. 잎의
겨드랑이에서 작고 하얀 꽃이 피는데 열매가 익으면 쌀알처럼 희고 단단해진다.

도라지처럼 길게 내려가는 뿌리는 보라색이어서 '자초(紫草)'라고 하며, 해독
효과가 있고, 항균 및 항염증 작용이 강하여 예전에는 홍역의 예방이나 치료에 이
용했다. 지치의 약성은 보랏빛 색소인 결정성의 아세틸시코닌(acetylshikonin)에 많
이 함유되어 있으므로 물로 씻지 않고 말려서 흙을 털어 내거나 술을 뿜어서 씻는
다. 진도의 전통주인 '홍주'의 색과 향을 낼 때 지치 뿌리를 이용한다.

〔개화〕

5~6월경 잎의 겨드랑이에서 작고 하얀 꽃이 핀다. 8~9월경 열매는 쌀알처럼 희
고 단단하게 익는다.

〔분포〕

우리나라 전역의 산기슭 양지쪽, 러시아(아무르, 우수리), 일본, 중국(만주)에 분포
한다.

〔재배〕

지치는 석회암 지대를 좋아하는 식물이다. 시멘트 공장 주변 회양목 군락이 있는
야산에서 찾기가 쉽다. 양지쪽 풀밭에도 잘 자라지만 소나무나 잡목이 있는 반음
지에서 많이 발견되고, 음지는 개체 수는 적으나 오래된 지치가 발견된다. 따뜻한
곳에서 재배하면 병해충이 생기므로, 밤낮의 일교차가 큰 중부 지방 이북에서 재
배하는 것이 좋고, 석회암 지대의 물 빠짐이 좋은 마사토이면 더욱 좋다. 뿌리가
길게 내려가므로 미리 토심을 깊게 하고 발효 퇴비를 많이 넣어서 갈아 준다.

노지재배의 경우 4월경 파종하는데 묵은 종자는 발아율이 낮다. 시설에서 재배
하는 경우 겨울이 오기 전에 파종하는 것이 좋다. 파종 전에 물에 뜨지 않는 잘 익

지치 새순(위) / 지치 꽃(아래)　　지치 전초

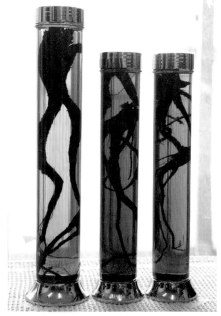

지치　　　　　　　　　　　　지치 술 담근 지 하루 뒤

은 종자를 골라서 일주일 정도 냉장 보관한 뒤 물에 2~3일간 담갔다가 젖은 천에 싸서 따뜻한 곳에 보관하면 씨눈이 생기는데, 이 발아한 종자를 바로 심는다. 어린 지치는 건조에 약하므로 파종 뒤 적절한 수분 관리가 필수적이고, 해가림을 해 주는 것이 좋다.

[이용]

어린순은 나물로 먹는데 갱년기 여성 질환에 도움이 된다. 뿌리는 옷감의 염색제로 쓰는데, 지치로 염색된 옷을 입으면 창독(瘡毒)이 치료되고 종기가 생기지 않는다고 한다. 아토피 피부염 환자를 위한 천연염색제로 이용하면 좋겠다. 중국에서는 지치와 까마중을 함께 달여서 각종 암 치료에 쓴다. 증류주나 약식 등을 만들 때 이용한다. 술을 담가 마시면 정력이 좋아지고, 살을 빼는 데 도움이 된다.

[연구 특허]

최근 특허에 의하면 지치 추출물은 항암 효과가 있고, 아토피 피부염을 치료하며, 관절염이나 비만 치료, 피부 미백 및 노화 방지 화장품의 원료로 이용된다. 또 흡연 독성을 제거하며, 지치 뿌리에 감마선을 조사하면 생리 활성 물질이 증가한다는 연구도 있다. 지치의 약효는 뛰어나지만, 성질이 차므로 몸이 냉한 사람이나 설사할 때는 쓰지 않고, 여성의 불임을 유발하거나 혈액 응고 작용도 있으므로 함부로 사용하는 것은 피해야 한다.

지황 꽃

지황

땅속의 노란 뿌리

- 영문명 Adhesive Rehmannia
- 학명 *Rehmannia glutinosa* (Gaertn.) Libosch. ex Steud.
- 현삼과 / 여러해살이풀
- 생약명 地黃(지황)

재배 환경	우리나라 전역의 따뜻하고 통풍이 잘되며 물 빠짐이 좋은 곳
성분 효능	비타민 A · 스타키시오스 · 로이신, 티로신, 페닐알라닌 / 허약 체질 개선, 아토피 피부염 개선
이용	한약재, 경옥고 원료, 건강기능식품, 골다공증 치료약, 화장품 원료

〔특징〕

지황의 원산지는 중국으로, '땅속의 노란 뿌리'라는 의미에서 '지황(地黃)'이이라고 한다. 굵은 감색의 뿌리가 옆으로 뻗고, 키는 20~40cm 정도 자란다.

『본초강목』에 의하면 '지황은 골수를 차게 하고 살과 피부를 자라게 하며, 정혈을 생성하고 오장의 부족을 보양하며 혈액순환을 촉진하고 시력과 청력을 좋게 하며 머리나 수염을 검게 한다'고 되어 있다. 물에 담갔을 때 뜨는 것을 '천황'이라 하고 반쯤 뜨는 것은 '인황', 가라앉는 것은 '지황'이라 하는데, 가라앉는 것이 힘이 좋으므로 약으로 쓴다. 반쯤 가라앉는 것은 그 다음이고, 뜨는 것은 약으로 쓰지 않는다. 또 그냥 쓰는 것은 생지황, 건조시킨 것은 건지황, 쪄서 말린 것은 숙지황이라고 한다.

지황은 한방과 건강기능식품 분야에서 많이 사용되고 있는데, 공진단이나 경옥고 등 몸을 보하고 허약체질을 개선하는 용도로 쓴다. 생지황(生地黃)의 성질은 차고, 청열양혈 작용이 있으며 양음청열(養陰淸熱)·양혈생진(涼血生津)의 효능이 있다. 찌고 말린 숙지황의 성질은 한(寒)에서 온(溫)으로, 쓴맛에서 단맛으로 바뀌고 행약세(行藥勢)·통혈맥(通血脈) 작용이 있다. 임산부나 몸이 찬 사람은 생지황·건지황을 사용하지 않고, 소화기능이 약한 사람에게는 숙지황을 쓰지 않는다.

〔개화〕

6~7월에 적갈색 꽃이 피고, 열매는 10월경 맺는다.

〔분포〕

우리나라 전역에서 재배한다. 중국, 만주에 분포한다.

〔재배〕

내한성은 강하지만 따뜻하고 통풍도 잘되며 물 빠짐이 좋은 곳에서 재배하는 것이 유리하다. 유기질 비료를 섞어서 깊게 갈아 준 뒤, 두둑을 만들고 그 사이에는 골을 만든다. 일반적으로 종자 번식은 하지 않고, 잔뿌리를 보관했다가 4~5월경

지황 꽃　　　　　　　　　　　지황 수확(위) / 지황(아래)

지황 재배지

비닐 피복이 된 밭에 심는다. 꽃대가 나오면 수시로 잘라 주어야 뿌리가 빨리 커진다. 기온이 많이 내려가면 언 피해를 입으므로 서리가 내리고 잎이 마르면 수확한다. 남부 지방에서는 봄에 수확하기도 한다.

최근 중국의 숙지황에서 발암물질인 벤조피렌이 다량 검출된 적이 있다. 생으로도 이용하므로 농약이나 제초제를 사용하면 안 된다. 농업진흥청에서 병충해에 강하고 수확량도 많은 우량 품종이 개발하여 재배 농가에 보급하고 있다.

[이용]

건강기능식품으로 많이 활용하는데, 유기농으로 재배된 생지황을 우유에 갈아서 마신다. 숙지황은 끓여서 차로 이용하는데 보혈·조혈 작용을 하는 당귀를 첨가하면 여성들에게 좋다. 지황과 오리백숙은 궁합이 잘 맞는 음식이다. 팥과 찹쌀·지황을 반죽하여 만든 지황단팥죽은 고혈압이나 당뇨에 좋은 음식이다. 예전에는 지황죽도 만들어 먹었는데, 뜨거울 때 먹는 것이 좋다고 하고, 지황주를 만들어 마시면 흰머리를 검게 한다고 전해진다. 분말을 만들어서 수제 미용미누에 첨가하여 아토피 피부염을 개선시킨다. 지황 발효액을 만들어서 음료나 과립차·분말차·드링크 등의 원료로 사용할 수 있고, 발효주나 식초·소금도 만들기도 한다.

[연구 특허]

최근 연구에 의하여 지황의 뇌신경세포 보호 효과, 간 조직의 재생에 미치는 영향 등이 규명되었으며, 지황으로 기억력 향상·약물 중독 및 금단 증상 치료·아토피 치료·비만 억제·숙취 해소 및 피로 해소·성장기 뼈 형성 촉진 및 골다공증 치료약을 만든다는 특허도 있다.

참나물

참나물

미나리와 샐러리를 합친 향기

● 영문명 Chamnamul / Big springparsley
● 학명 *Pimpinella brachycarpa* (Kom.) Nakai
● 산형과 / 여러해살이풀
● 생약명 野芹菜(야근채)

재배 환경	우리나라 전역 바람이 잘 통하는 반음지, 비옥하고 보수력이 있으며 부식질이 많은 사질양토나 부식토
성분 효능	베타카로틴 · 칼슘 · 칼륨 · 식이섬유 / 고혈압 · 고지혈증 · 신경통 개선, 대장암세포 생육 억제
이용	쌈채소 · 나물 · 튀김 · 물김치 등의 식재료, 화장품 원료, 당뇨병 치료제

〔특징〕

참나물은 우리나라 전역의 깊은 산 나무숲 하부 또는 음지의 비옥한 토양에 자생한다. 키는 50~80cm 정도로 자란다. 유사종인 큰참나물(*Cymopterus melanotilingia* (H.Boissieu) C.Y.Yoon)은 키가 1m까지 자라는데, 참나물보다는 내건성이 강하여 산의 능선 가까이에도 자라며, 민간에서는 당뇨 치료약으로 이용한다. 참나물과 큰참나물 모두 어린순을 봄나물로 이용하는데 미나리와 샐러리의 향기를 합친 듯한 상쾌하면서도 독특한 맛이 있다.

참나물 추출물은 총콜레스테롤과 LDL-콜레스테롤 및 중성지질 함량은 감소시켰고, HDL-콜레스테롤과 인지질 함량은 증가시킴으로써 지방간 및 동맥경화의 예방과 치료에 효과적이고, 알코올 섭취로 인한 산화적 스트레스와 독성으로부터 간을 보호하는 효과가 있는 것이 확인된 바 있다.

〔개화〕

6~8월경 작고 하얀 꽃이 핀다.

〔분포〕

우리나라 전역, 한국, 일본, 중국, 유럽에 분포한다.

〔재배〕

참나물은 해발 400~500m 이상의 산지의 반음지에 자생하는 식물이므로 고온에는 약하여 바람이 잘 통하는 반음지에서 키워야 잎과 줄기가 연한 참나물을 생산할 수 있다. 토질은 비옥하고 보수력이 있으며 부식질이 많은 사질양토나 부식토가 좋다. 가을에 채종하여 다음해 봄 4~5월에 뿌린다. 파종하기 전에 씨를 1주일 동안 물에 불려서 파종하면 발아가 빨라진다. 시설 재배하는 경우에는 연중 수차례 수확을 할 수 있다.

일반적으로 참나물이라고 하여 재배하고 판매되고 있는 것은 유사종인 파드득나물(*Cryptotaenia japonica* Hassk.)이다. 참나물은 파드득나물에 비하여 훨씬 향이 진

참나물 군락(위) / 참나물 꽃(아래)   참나물 꽃대

큰참나물

한데, 참나물보다 맛과 향이 더 진한 큰참나물을 재배하는 것도 고려해 볼 만하다. 큰참나물은 민간에서는 '진삼', '연화삼'이라고 하며, 당뇨를 치료하는 최고의 약초로 알려져 있다. 어린순과 뿌리도 식용한다.

[이용]

어린순은 생채로 쌈채소로 이용할 수 있고, 나물·튀김·물김치 등 다양한 요리로 이용한다. 참나물 향신료·참나물 수프·참나물 차 및 참나물 묵과 같은 다양한 식품에 이용하고 있다. 향과 맛도 뛰어나지만, 철·베타카로틴·비타민·엽산 등과 필수아미노산 및 지방산 등이 다량 함유되어 있어서 고혈압·고지혈증·신경통 등에 효능이 있고, 대장암세포 생육 억제 활성이 있다는 연구도 있다. 생선이나 육류의 누린내 및 비린내를 감소시키는 효과도 있다.

[연구 특허]

참나물 추출물을 이용하여 비알코올성 지방간 질환을 치료하고, 당뇨병을 치료하고, 피부 미백제, 육류 및 생선의 냄새 제거제를 만든다는 특허가 있다.

참당귀

참당귀

전쟁터에서 당연히 돌아오다

- 영문명 Korean angelica
- 학명 *Angelica gigas* Nakai
- 산형과 / 여러해살이풀
- 생약명 當歸(당귀)

재배 환경	북부 지방의 산자락 계곡 주변, 습기가 적당하고 물 빠짐이 좋은 곳
성분 효능	쿠마린 / 보혈 · 활혈(活血) · 진정 · 조경(調經)
이용	쌈재소 · 당귀간장 등의 식재료, 한약재

〔**특징**〕

'당귀(當歸)'는 '당연히 돌아온다'는 뜻이다. 예전에 전쟁을 하면 칼이나 화살 등에 의한 창상을 많이 입었는데, 보혈 또는 활혈(活血) 작용이 있는 당귀를 달여 먹으면 상처를 낫게 하는 데 좋은 효능이 있다고 하여 전쟁에 나갈 때 부인들이 당귀를 챙겨 주었다고 하지만 당귀는 여성들에게도 효능이 좋은 약초다.

　당귀는 특유한 쿠마린 성분에 의하여 독특한 향기가 있는데 우리나라에는 자생하는 산형과의 참당귀 외에도 중국당귀, 일본의 왜당귀 등의 뿌리를 모두 당귀라는 한약재로 쓴다. 보혈·진정·조경(調經) 등의 효능이 있고, 현기증·두통·관절통·변비·월경불순·타박상 등에 쓴다.

〔**개화**〕

8~9월경 자주색의 꽃이 핀다.

〔**분포**〕

우리나라의 강원도 등지의 깊은 산, 중국, 일본에 분포한다.

〔**재배**〕

참당귀는 음지성 식물로, 재배하는 오미자나 다래 덩굴 등의 잔여 공간을 활용하기도 좋다. 반음지에서 재배하면 잎이나 줄기가 부드럽기 때문에 오랜 기간 수확할 수 있다. 습기를 좋아하지만, 습도가 지나치면 뿌리가 상하므로 물 빠짐이 좋아야 한다. 참당귀는 고산 지역에 자생하는 속성상 겨울에는 씨앗이 눈 속에 얼어 있다가 봄이 되면 발아한다. 따라서 가을에 채취한 참당귀 씨앗은 가을에 바로 파종하는 것이 좋다. 보관한 종자는 1~2월경 찬물에 담갔다기 파종한다. 밭에서 대량 재배해도 좋지만 산자락의 계곡 주변에 씨앗을 파종하여 자연스럽게 재배한 것이 맛과 향이 뛰어나다. 일반적으로 약초나 산나물은 고산지대에서 자란 것일수록 향이 짙다.

참당귀 어린순(위) / 참당귀(아래)

참당귀 잎(위) / 참당귀 열매(아래)

참당귀 꽃

참당귀 술

〔이용〕

참당귀는 어린순을 쌈채소와 나물로 많이 이용하는데, 재배보다는 주로 자연 채취한 것에 의존하는 편이고, 일반적으로는 왜당귀를 많이 재배한다. 강원도 높은 산을 오르다가 음지에서 자생하는 당귀 줄기 하나를 씹어 먹으면 향이 입안 가득 퍼지며, 물을 마셨을 때 물맛까지 달콤해진다. 어린순은 비빔밥 재료로도 어울리며, 성숙한 잎으로는 간장 장아찌를 담근다. 장아찌 국물을 모아 두면 당귀 간장이 된다.

〔연구 특허〕

특허를 살펴보면, 참당귀 추출물을 포함하는 골관절염 예방 또는 치료약이나 건강기능성 식품, 혈전증 예방 또는 치료약, 원지·석창포 및 백복령의 복합 추출물을 유효 성분으로 함유하는 학습 장애 또는 기억력 장애의 예방 또는 치료용 조성물, 암 전이 억제용 약학적 조성물, 잎 추출물을 포함하는 항염 및 항당뇨 기능성 조성물, 당귀 한방 소스, 참당귀 열수 추출물의 소아 면역 증진용 캔디, 오미자 및 참당귀 정유를 유효 성분으로 함유하는 심리적 안정 및 스트레스 완화용 향료 등의 특허가 있다.

참죽나무 어린순

참죽나물

사철 이용하는 고급 나물

- 영문명 Chinese cedrela
- 학명 *Cedrela sinensis* Juss.
- 멀구슬과 / 나엽 활엽 교목
- 생약명 椿白皮(춘백피), 椿葉(춘엽)

재배 환경	중부 이남의 햇빛이 잘 드는 양지. 토심이 깊고 비옥하고 적당한 보수 력을 지닌 사질양토
성분 효능	칼슘, 칼륨, 비타민 B·C, 카로틴 / 항염 작용, 혈전증 치료, 숙취 해소, 체지방 감량
이용	생채·나물·장아찌 등의 식재료, 한 약재, 악기·가구재

〔특징〕

참죽나무는 봄에 나오는 새순을 이용하기 위하여 주로 남부 지방 민가 근처나 밭둑 등에 많이 심는다. '대나무처럼 순을 먹는다'는 의미로 '참죽'이라고 부른다. 두릅이나 음나무 새순처럼 요리법이 다양하고 오랫동안 보관할 수 있기 때문에 사철 먹을 있는 식품으로 이용되어 왔다. 독특한 향기가 있어서 중국에서는 '향춘(香椿)'이라 부른다. 참고로, 참죽을 먹는 나라는 한국과 중국뿐이다.

　참죽나무 새순은 두릅처럼 2회에 걸쳐 따 내며, 3회 이상 따 내면 나무가 제대로 자라지 못한다. 새순에는 칼슘·칼륨, 비타민 B·C, 카로틴 등의 영양성분이 풍부하고 맛이 좋아서 수요가 늘어날 전망이므로, 유휴지나 경사지에 식재하면 높은 소득을 기대할 수 있는 유망 수종이다.

　경상도 지역에서는 '가죽나무'라고도 하여 참죽과 가죽이 혼용되고 있는데, 국명 '가중나무'는 따로 있다.

〔개화〕

6~7월경 흰색의 꽃이 핀다.

〔분포〕

중국, 동남아시아, 네팔, 부탄, 인도 등지에 자생하며, 우리나라에는 5~6세기경 신라시대에 도입된 것으로 추정하고 있다.

〔재배〕

씨앗을 발아시켜 옮겨 심기도 하지만 일반적으로는 싹이 난 지 1년이 된 묘목을 심는다. 밭에 심을 경우 3~4월경 포장에 1m 간격으로 심는데 뿌리가 직근성이므로 자주 이식하는 것은 바람직하지 않다. 어릴 때는 생장이 빠르고 곧게 자라므로, 생장점이 있는 상부를 전정하여 곁가지를 나게 해 주는 것이 수확량을 증가시키고 수확하기도 쉽다. 추위에 약한 편이어서 겨울에 언 피해를 받기 쉬우므로 중부 이남의 햇빛이 잘 드는 양지쪽에 재배하는 것이 좋다. 토질은 토심이 깊고 비

참죽나무(위) / 가죽나무(아래)　　　　　참죽나무 어린순은 가죽나물로 불린다.

참죽나무

옥하며, 적당한 보수력을 지닌 사질양토가 이상적이다. 최근에는 지구온난화 때문에 경기도나 강원도에서도 자라지만, 보다 내한성이 있는 품종을 개발할 필요가 있다. 참죽나무는 어릴 때는 생장 속도가 빠르지만 자라면서 점차 느려지고, 수명은 긴 편이어서 400여 년 된 나무도 있다.

〔이용〕

참죽나무의 매력은 참죽나물로 이용하는 데 있다. 봄철의 부드러운 새싹을 생채로 무치거나 튀겨 먹고 장아찌로도 만들어 먹는다. 양념된 찹쌀가루에 무쳐서 말린 참죽자반은 오랫동안 보관했다가 먹을 수도 있고 풍미도 뛰어난 훌륭한 식품이다.

나무껍질은 한약재로 쓰고, 목재는 가구나 악기를 만드는 데 쓴다.

〔연구 특허〕

최근 연구에 의하면, 참죽나무의 잎이나 뿌리가 생리 활성 기능이 있는 페놀성 화합물을 확인하였고, 항염증 활성과 진통 활성이 확인되었다.

특허를 살펴보면, 참죽나무 추출물을 이용하여 항염제, 혈전증 치료약, 숙취 해소제, 체지방 감량을 위한 건강 보조제, 손발톱 상태 개선용 화장품 등을 만든다는 내용이 있다.

천마

천마

바람을 멈추게 하는 약초

- 영문명 Cheonma
- 학명 *Gastrodia elata* Blume
- 난초과 / 여러해살이풀
- 생약명 天麻(천마), 天麻莖葉(천마경엽), 赤箭(적전)

재배 환경	중부 지방의 물이 고이지 않는 양토 또는 사양토. 최고 기온 30℃ 이하 최저 기온 10℃ 이하인 곳
성분 효능	가스트로딘 · 바닐릴 알코올 · 에르고티오닌 등 / 신경(神經)질환 · 풍증 치료, 항염증 · 항산화 작용
이용	한약재, 화장품 원료, 골다공증 · 발기부전 치료제, 항암제, 알츠하이머 치료제

[특징]

천마는 난초과의 식물로서 녹색 잎은 없고 퇴화한 비늘잎만 있어서 탄소동화 능력이 없고, 진균인 뽕나무버섯 균사(밀환균)를 영양원으로 살아가는 기생식물이다. 뽕나무버섯균이 번식한 썩은 나무뿌리 부근에 자생하며 연중 땅속줄기 상태에 있다가 아카시 꽃이 필 무렵에 꽃대를 올려서 비로소 발견된다.

전 세계적으로 약 50여 종이 분포하지만 우리나라에는 꽃의 색에 따라 홍천마, 청천마 및 작은 키의 소형종 천마가 있다. 꽃의 색과 뿌리는 상관관계가 없고 거의 비슷하다. 지상부의 꽃대는 1개월 이내에 사멸되며, 씨앗은 하얀 가루 같은 모양으로 장마철에 발아하여 어린 마로 성장한 뒤, 다음해에 성숙마로 성장하는 2년 주기이다. 씨방을 맺고 난 뒤의 뿌리는 속이 비어 버리므로, 재배 농가에서는 천마 꽃대가 올라오면 잘라내고 뿌리만 키운다. 천마 씨앗으로 밥을 지어 먹으면 열독이 없어진다는 기록도 있다.

천마는 양지식물이라고는 할 수 없으나, 햇빛이 전혀 닿지 않는 곳보다는 산란광을 좋아하는 경향이 있다. 천마는 주로 허혈성 뇌질환 등에 사용하며 풍증을 치료하는 약초로, '바람을 멈추게 한다'라고 하여 '정풍초(定風草)'라고도 한다. 『동의보감』, 『방약합편』 등의 고전의서에서 천마가 약재로서 포함되는 처방은 400여 종이 있고, 천마의 꽃대도 약으로 쓰는데 '적전(赤箭)'이라고 하며, 적전이 약재인 처방은 380여 종에 이르는 등 식물 전체가 다양하게 응용되는 약초이다.

주성분은 가스트로딘(Gastrodin), 바닐릴 알코올(Vanillyl alcohol), 에르고티오닌(Ergothioneine) 등 비타민 A류이다.

[개화]

5~7월경 60~100cm 정도의 꽃줄기 끝에 황갈색 또는 연녹색 꽃이 핀다.

[분포]

부식질이 많고 물 빠짐이 좋은 전국의 참나무 숲에 분포한다.

천마 꽃대(위)/ 청천마 꽃대(아래)

소형종 천마 꽃

소형종 천마

[재배]

천마는 뽕나무버섯균(Armilaria mellea)으로부터 영양을 얻어 자란다. 뽕나무버섯균은 나무에 기생하여 가느다란 뿌리 모양의 균사속(菌絲束)을 생성하고, 천마의 땅속덩이줄기는 이 균사속을 통하여 영양을 얻어 증식된다. 천마는 야생 천마의 생육 환경을 모델로 하여 천마와 천마버섯균 그리고 기질(원목)의 조건을 잘 관리하면 쉽게 재배할 수 있다. 천마는 습기를 좋아하지만 물이 고이지 않는 양토, 사양토가 적합하고 건조하기 쉬운 모래땅은 적합하지 않다. 천마는 중, 저온성 식물로, 30℃가 넘어가면 죽게 되고, 영하 10℃ 이하로 떨어지면 언 피해를 입는다.

천마의 번식법에는 분주법과 실생법이 있지만 대부분 종균이 접종된 원목과 어린 천마(종마)를 심는 방식의 무성번식으로 재배한다. 분해가 된 원목은 교체하여 연작한다. 천마의 뿌리가 싹 트는 시기에는 약간의 수분만 있으면 정상 발아가 가능하지만 수분이 부족하면 뽕나무버섯균의 생장에 영향을 주어 천마의 생육이 부진해진다. 천마 괴경의 생장기에는 다량의 물이 필요하지만 수분 함량이 많으면 부패하기 쉽고, 통기성이 없으면 고온기 생육 둔화 현상도 있으며, 혹한기에는 언 피해가 발생한다. 노지재배의 경우 연작장해가 있고, 계속된 무성번식 자마 사용으로 퇴화 현상을 보이는 경우도 있다. 최근에는 이상 기후로 인한 피해를 줄이기 위해 비 가림과 해가림, 관수 설비를 갖춘 버섯 재배사와 비슷한 환경에서 시설재배도 많이 한다.

[이용]

천마는 전통적으로 두통·고혈압·어지럼증·뇌졸중 등 사람의 머리와 관련된 질환에 많이 이용된 약초로서, 최근의 연구에 의하여 피를 맑게 하는 효과가 입증되었고, 항염증·항산화 효능도 확인되었다. 또 골다공증·발기부전의 예방 및 치료, 항암제, 알츠하이머의 예방이나 치료제로의 개발 가능성에 대한 연구가 있었다. 심지어 피부병이나 주름 개선 등에도 이용할 수 있는 등 효능이 다양하다.

생천마는 우유 등과 함께 갈아서 먹기도 하는데 과용하면 배탈이나 설사 등의 부작용이 있으므로 조심해야 한다. 닭이나 오리 백숙과도 잘 어울리며, 삼겹살과

천마

청천마

천마(위) / 천마로 만든 상품(아래)

천마 술

함께 구워 먹기도 한다. 또 가루 내어 차를 만들고 발효액이나 술을 담가 장기간 보존하면서 섭취하기도 한다. 천마 식초를 만들기도 하고 천마를 많이 재배하는 무주에는 천마 짬뽕도 유명하다.

『동의보감』에서는 다음과 같이 설명한다.

천마(天麻)는 성질은 평(平)하고, 차다(寒). 맛은 쓰고, 달며, 독이 없다. 여러 가지 풍습비(風濕痺)와 팔다리가 오그라드는 것(攣), 어린이 풍간(風癇)과 경풍(驚風)을 낫게 하며 어지럼증과 풍간으로 말이 잘되지 않는 것과 잘 놀라고 온전한 정신이 없는 것을 치료한다. 힘줄과 뼈를 든든하게 하며 허리와 무릎을 잘 쓰게 한다. 적전의 뿌리(赤箭根)이다. 싹의 이름을 '정풍초(定風草)'라고 한다. 뿌리를 캐어서 물기 있을 때에 겉껍질을 긁어 버리고 끓는 물에 약간 삶아 내어 햇볕에 말린다. 속이 단단한 것이 좋다(본초). 여러 가지 허약[虛]으로 생긴 어지럼증은 이 약이 아니면 없앨 수 없다.

〔연구 특허〕

최근 연구에 의하면, 천마는 항산화 효과와 함께 암세포의 운동성을 억제하는 항암 효과가 있는 것이 확인되었다. 또한 천마의 분말과 50% 에탄올 추출물 및 열수 추출물이 혈청 지질과 체지방 축적에 미치는 영향을 비교 연구한 결과, 50% 에탄올 추출물이 가장 효과가 높았다고 한다. 따라서 1년 이상 숙성시킨 천마술도 좋은 약이라고 볼 수 있다.

특허를 살펴보면, 천마 추출물이 뇌질환을 예방하거나 치료약이 되고 천마 추출물에 유산균을 접종·발효시키면 수면 유도 기능이 증진된다는 특허가 있다. 또 파킨슨 질환의 치료약을 만드는 데에도 천마가 이용되며, 발기부전 치료제·주름 개선용 화장품·전마 고추장·취식 서부감을 개신한 천마 엑기스 등 많은 특허가 출원되고 있다.

천문동 열매

천문동

하늘의 문을 여는 겨울 약초

- 영문명 Cochinchinese As-paragus
- 학명 *Asparagus cochinchinensis* (Lour.) Merr.
- 백합과 / 여러해살이 덩굴식물
- 생약명 天門冬(천문동)

재배 환경	남부 지방의 물 빠짐이 좋은 사양토나 부식토. 저수지 주변의 산기슭. 내륙 지방에서는 비닐하우스 재배
성분 효능	아스파라긴, β-시토스테롤, 5-메톡시메틸푸르푸랄, 점액질, 스테로이드 사포닌 / 기침·천식·중풍 개선, 이뇨 작용
이용	나물·샐러드·튀김 등의 식재료, 화장품 원료, 한약재

[특징]

천문동은 줄기가 1~2m 정도 주변 나무를 감고 자라며, 줄기에 아래로 향하는 작은 가시가 있다. 바닷가에는 천문동과 비슷한 덩굴식물이 자라는데 줄기에 가시가 없으면 '방울비짜루'이다. 천문동(天門冬)은 '하늘의 문[天門]을 열어 주는 겨울 약초[冬]'라는 뜻이며, 짧고 많은 방추형의 뿌리를 약용한다. 따뜻하고 습한 환경을 좋아하여 바닷가나 강 또는 개울이 있는 남향의 산기슭에 자생한다. 가을에 덩이뿌리를 캐서 겉껍질을 벗기고 심을 제거한 뒤 이용한다.

천문동의 덩이뿌리를 쪄서 말려 식용 또는 약용하는데 아스파라긴, β-시토스테롤, 5-메톡시메틸푸르푸랄, 점액질, 스테로이드사포닌 등이 들어 있다. 천문동의 맛은 달거나 쓰고 성질은 차며, 쓴맛이 나는 스테로이드와 글루코시드 성분은 폐를 튼튼하게 하고, 기력을 늘리며, 암세포 성장을 억제하는 등의 작용을 한다. 『동의보감』에는 폐 기능을 도와주고, 기침·천식·중풍을 개선하고 이뇨 작용을 하는 등 다양한 질환에 사용하는 것으로 기록되어 있다.

[개화]

5~6월에 연한 황색 꽃이 피고, 열매는 녹색에서 투명한 백색으로 익으며, 검은색 종자가 들어 있다.

[분포]

우리나라 제주도·전라남북도·경상남북도에 자생하며, 중국, 타이완, 일본에도 분포한다.

[재배]

우리나라 남서부 바닷가에 개체 수가 많고, 큰 강이나 개울, 저수지 주변의 산기슭 등 따뜻하고 적당한 습기가 있는 곳에서 발견된다. 토양은 물 빠짐이 좋은 사양토나 부식토 지형, 심지어는 바위틈에서도 잘 자라고 염분에도 강하다. 또 그늘이 지는 소나무 수림대보다는 가을 이후 햇볕의 투과 정도가 좋은 낙엽수림대일수록

천문동 어린순(위) / 천문동 열매(아래)　　　천문동 마른 잎(위) / 천문동

뿌리의 수량이 많고, 크기도 더 큰 것을 확인할 수 있다. 가을에 익은 씨를 따서 직파하거나 3~4월경 봄철에 뿌린다. 어린 개체나 육묘 이식의 경우 볏짚을 덮어서 건조해지는 것을 막아 준다.

　야생 천문동을 채취할 때 덩이뿌리 몇 개를 남기고 묻어 주면 이듬해에는 어김없이 싹을 올린다. 따라서 포기 나눔으로 이식해도 된다. 천문동은 덩굴성이므로 버팀대나 망을 설치하고, 여름철 강한 햇빛에는 줄기가 마르므로 차광시설이 필요하다. 덩이뿌리는 지상부가 마른 뒤에 채취하는데 심은 지 5년 정도 되어야 제대로 수확할 수 있고, 새순은 2년부터 채취하여 이용할 수 있다. 내한성이 약하므로 겨울철 기온이 많이 내려가는 내륙에서는 비닐하우스에서 시설 재배해야 한다.

〔이용〕

천문동의 학명에도 아스파라거스가 들어가는 만큼, 봄철의 연한 새순을 나물 · 샐러드 · 튀김 등 각종 요리에 이용한다. 줄기와 덩이뿌리째 설탕과 버무려서 발효액을 만들어 두면 오래 보관이 가능하고, 음료수나 발효주 · 발효 식초를 만들 수 있다. 발효액과 분리한 천문동은 장아찌를 만든다. 물에 삶거나 쪄서 껍질과 심을 제거한 뒤 천문동 숙회를 만들어 초고추장에 찍어 먹기도 한다. 천문동은 열량이 낮으므로 다이어트 식품이기도 하다. 생채로 우유와 함께 갈아 마시기도 하고, 말려서 대추를 함께 넣어서 차로 마시며, 분말을 만들어 두면 각종 요리에 첨가할 수 있고, 수제 미용 비누나 미스트를 만드는 데 첨가할 수 있다. 약성이 찬 편이므로 몸이 차고 설사하는 사람은 이용하지 않는 것이 좋다.

〔연구 특허〕

최근 특허에 의하면, 천문동 추출물은 간 기능을 보호하고, 항암 효과가 있을 뿐만 아니라 암 전이를 막으며, 각종 염증성 질환을 예방하고, 기미 주근깨 등 피부의 흑화 성분을 제거하여 피부 미백의 효과가 있다는 것이 확인되었다. 또 천문동 약침이 암 전이 억제 및 항암효과가 있고, 뇌의 해마 조직과 관련 신경세포 보호 효과가 있으며, 골다공증 치료나 예방을 위한 건강보조식품이고, 여성 호르몬 조절 이상 질환이나 갱년기 증후군을 개선한다는 연구도 있다.

일반적으로 천문동의 겉껍질은 제거하고 이용해 왔지만, 최근 연구에서 항산화 활성은 껍질 부위에서 상대적으로 높다는 보고가 있으므로, 천문동 껍질을 버리지 말고 천문동 껍질차 등으로 이용하는 방안을 찾아야 한다.

초피나무

삼국시대부터 먹어 온
매운 양념

- 영문명 Chopi
- 학명 *Zanthoxylum piperitum* (L.) DC.
- 운향과 / 낙엽 활엽 관목
- 생약명 蜀椒(촉초)

재배 환경	남부 지방의 산속 약간 그늘지고 습기가 있는 곳, 토심이 깊고 수분 공급이 원활한 곳
성분 효능	리모넨·제라니올·쿠믹산 등의 휘발성 정유, 불포화유기산 / 바이러스 억제
이용	향신료, 김치양념, 한약재, 한방 화장품 원료

〔특징〕

초피나무는 산기슭 양지쪽에 자라는데, 키는 3m 정도이고, 줄기에는 쌍으로 나는 가시가 있다. 잎도 마주나는데 달걀 모양의 잎 중앙에는 황록색의 무늬가 있고 강한 향기가 있다. 잎을 이용하거나 열매의 껍질을 가루 내어 추어탕이나 매운탕에 첨가하는 향신료로 쓰인다. 리모넨(limonene) · 제라니올(geraniol) · 쿠믹산(cumic acid) 등의 휘발성 정유와 불포화유기산이 들어 있으며, 바이러스 증식을 억제하는 효과가 뛰어나다.

경상도에서는 '재피'라고도 하고 지역에 따라서 '산초'라고도 하지만 '초피나무'와 '산초나무'는 서로 다른 식물이다. 초피나무는 가시가 쌍으로 발생하며 중부 이남의 비교적 따뜻한 곳에 많이 자생하는 반면 산초나무의 가시는 하나씩 나고 전국적으로 고루 분포되어 있다.

유사종으로는 제주도 등 남해안 섬 지방에 자생하는 왕초피나무(*Zanthoxylum coreanum* Nakai), 개산초(*Zanthoxylum planispinum* Siebold & Zucc.), 털초피나무(*Zanthoxylum piperitum* f. *pubescens* (Nakai) W.T.Lee) 등이 있다.

〔개화〕

5~6월경 황록색의 자잘한 꽃이 모여서 핀다.

〔분포〕

우리나라, 일본, 중국 등 동아시아의 비교적 따뜻한 곳에 자생한다.

〔재배〕

붉게 익은 열매를 따서 껍질은 향신료로 쓰고, 까만 열매는 종자로 파종하면 된다. 병해충에 강한 편이며, 묘목을 심으면 빨리 수확할 수 있다. 뿌리는 깊게 뻗지 않으므로 산에서 어린 초피나무를 캐서 이식해도 잘 자란다. 또 초피나무는 산속의 약간 그늘지고 습기 있는 곳에 잘 자라므로 토심이 깊고 수분 공급이 원활한 곳 또는 큰 나무 아래 약간 그늘이 져서 습기가 보존되는 곳이 좋다. 기록에는

어린 초피나무

열매가 달린 초피나무(위) / 초피나무 잎 장떡(아래)

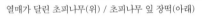

초피나무 열매

초피나무 열매(위) / 초피(아래)

함경북도를 제외한 우리나라 전 지역에서 자란다고 하지만 강원도 지역에서는 개체 수가 별로 없고, 경남 · 전남 · 충청권의 바닷가나 섬 지역 등 겨울철 기온이 많이 내려가지 않는 곳에 개체 수가 많다. 겨울철에는 언 피해를 입는 경우가 있으므로 따뜻한 곳에서 재배하는 것이 좋다.

〔이용〕

매콤하고 톡 쏘는 맛이 있고 식품의 부패를 예방하므로 추어탕 등의 민물고기 요리 또는 김치 양념으로도 이용한다. 연한 잎은 나물이나 장아찌를 만들고 열매껍질은 가루 내어 향신료 또는 약재로 이용한다. 임산부는 먹지 않는 것이 좋다. 제주도의 전통적인 자리돔 물회는 초피 잎을 채 썰어 넣는다. 시골집 주변에 심어서 울타리로 이용하거나 모기 등 병해충을 막기도 한다. 한방에서는 구충제로 쓰고, 항균 효과가 높아서 각종 바이러스성 염증 치료에 이용하며, 충치 치료약이나 피부 미백의 효과가 있어서 한방 화장품의 원료로도 이용된다.

『동의보감』에는 열매껍질을 '촉초(蜀椒)'라고 하며, "맵고 독이 있으며, 속을 따뜻하게 하며 피부에 죽은 살, 한습비로 아픈 것을 낫게 한다. 또한 한랭기운을 없애며, 귀주 · 고독(蠱毒)을 낫게 하며, 벌레독이나 생선 독을 없애며 치통을 멈추고 성 기능을 높이며, 음낭에서 땀나는 것을 멈춘다. 허리와 무릎을 덥게 하며 오줌횟수를 줄이고 기를 내려가게 한다"라고 기술되어 있다.

〔연구 특허〕

최근 특허에는 골질환 치료약, 항알레르기성 조성물, 심장순환계 질환의 치료제, 당뇨치료제, 항코로나바이러스제, 초피나무 추출물을 함유한 진통제, 다이옥신 유사물질에 대한 길항성 조성물, 초피나무 소스, 초피나무 과메기, 피부 미백 빛 노화억제 화장품, 살충제 등 다양한 특허가 출원되고 있다.

카사바

타피오카 원료

- 영문명 Cassava
- 학명 *Manihot esculenta* Crantz
- 대극과 / 여러해살이풀

재배 환경	남부 지방. 경기도 평택에서 노지재배. 기후 영향을 받지 않으나 땅심이 좋은 곳에서 잘 자란다.
성분 효능	단백질, 비타민 B · C, 칼륨 · 마그네슘, 칼슘, 철분, 레스베라트롤 / 혈액순환 개선, 혈전 형성 방지
이용	뿌리에서 채취하는 녹말인 타피오카를 과자 · 알코올 · 풀 · 요리 원료 등으로 이용한다.

〔특징〕

카사바는 '유카(yuca)'로도 알려져 있으며, 열대지방에서 쌀과 옥수수 다음가는 탄수화물 공급원으로, 뿌리·줄기·잎 등 90% 이상 활용할 수 있으며, 오늘날 세계 8대 식물의 하나로 인정 받고 있다. 덩이뿌리는 튀김·스프·빵 등으로 만들어 먹으며, 줄기는 종이·섬유·접착제의 원료로 이용하고, 잎은 채소·약·비료로 이용된다.

덩이뿌리는 고구마처럼 굵어지며 껍질은 갈색이고 속은 노란빛이 도는 흰색이다. 20~25%의 녹말이 들어 있고 단백질, 비타민 B·C, 칼륨·마그네슘, 칼슘, 철분 등의 미네랄이 들어 있다. 레스베라트롤 성분도 있는데, 이는 혈액순환을 개선하고 혈전 형성을 방지하는 역할을 한다. 맛이 쓴 것과 쓰지 않은 것이 있는데, 쓴 것에는 '히드로시안산'이라는 독성이 있으나, 열을 가하면 없어지므로 감자처럼 찌거나 구워서 먹는다. 동남아시아에서는 열대마와 카사바 뿌리 모두 '얌'이라고 한다.

카사바 잎(위) / 카사바 줄기(아래)   카사바(위) / 카사바 요리(아래)

〔분포〕

남아메리카가 원산지라고 알려져 있으며, 열대와 아열대 지역에 널리 분포한다.

〔재배〕

줄기를 30~40cm 길이로 잘라 1m 간격으로 심으면 뿌리가 내리고 6~12개월 이내에 덩이뿌리가 달린다. 경기도 평택에서 노지재배도 한다. 토질과 기후의 영향을 거의 받지 않지만 다량의 양분을 흡수해 땅의 기운을 소모시키므로 윤작한다. 벼 한 톨이 600개의 쌀알을 맺듯이 카사바는 삽목으로 증식되므로 이론상으로는 무한대의 번식도 가능하다.

〔이용〕

카사바 뿌리에서 채취하는 '타피오카(tapioca)'는 중요한 녹말 자원이다. 독 성분이 있는 겉껍질을 벗겨내고 뭉갠 뒤 물에 씻어서 침전시킨 뒤 말리면 하얀 타피오카가 된다. 타피오카는 과자 · 알코올 · 풀 · 요리 원료 등으로 사용한다.

〔연구 특허〕

관련 특허를 살펴보면, 「카사바를 이용한 음료용 에탄올의 제조 방법」, 「카사바 추출물을 포함하는 구강용 조성물」, 「보습 및 염증 완화용 화장료 조성물」, 「카사바 줄기를 이용한 버섯의 재배 방법」이 있고, 애완동물용 사료를 만드는 방법도 연구되어 있다.

칼슘나무

칼슘나무

나무 전체가 칼슘 덩어리

● 영문명 Calcium tree

● 학명 *Prunus Humilis* bunge

● 장미과 / 낙엽활엽 관목

재배 환경	우리나라 전역의 햇볕이 충분한 땅
성분 효능	칼슘 · 철분 등의 무기질, 비타민, 아미노산 / 골다공증 예방, 변비 · 소화 불량 개선
이용	관상수, 주스 · 잼 · 건과 · 과실주 등의 식재료, 의약품 원료

칼슘나무 어린순(위) / 칼슘나무 꽃(아래)　　　칼슘나무 열매

〔특징〕

칼슘나무는 맛과 모양이 자두 비슷하고, 칼슘·철분 등의 무기질, 비타민, 아미노산 등의 영양소가 골고루 들어 있다. 특히 흡수율이 좋은 칼슘이 풍부하여 '칼슘나무'라고 한다. 열매 100g당 활성 칼슘 60mg, 비타민 C 47mg, 철분 1.5mg, 17종의 아미노산 400mg을 함유하고 있는 영양의 보고로, 각종 미량 요소도 풍부하여 의학계에 관심을 끄는 품종이다.

〔개화〕

4~5월에 하얀 꽃이 피고, 7~8월에 열매가 검붉게 익는다.

〔분포〕

유럽 야생 지두나무에서 육종된 품종이다. 내몽골 또는 중국 북부, 야생 자두나무에서 육종된 품종을 많이 재배한다.

〔재배〕

내건성과 내한성이 좋아 우리나라 전역에서 노지재배가 가능하다. 양지식물이므로 햇볕을 충분히 받을 수 있는 곳에 심는다. 병해충에 강하며, 묘목을 심으면 2년차부터 열매를 수확할 수 있다. 어린 묘목은 적절한 수분 관리를 해 주어야 한다.

〔이용〕

꽃과 열매가 아름다워서 관상용 정원수로 이용하거나 화분에 심어 실내에서도 재배할 수 있다. 열매·잎·줄기의 기능성뿐만 아니라, 줄기와 잎은 기능성 사료로 전용 가능하다. 열매는 주스·잼·건과·과실주·의약품의 원료 등 다양하게 활용될 수 있다. 다만 종자 껍질에는 '청산 배당체'가 함유되어 있으므로 주의해야 한다.

〔연구 특허〕

칼슘나무에 대한 연구는 많지 않으나, 모과나무에 칼슘나무를 접붙이면 수확량을 늘린다는 특허가 있고, 칼슘나무 막걸리 제조 방법, 칼슘나무 추출물로 피부 미백 화장품을 만든다는 특허가 있다.

저먼 캐모마일

캐모마일

마음을 편안하게 하는 허브

- 영뷰명 Chamomile
- 학명 *Chamaemelum nobile* (L.) All.
- 국화과 / 두해살이풀

재배 환경	우리나라 전역 햇빛이 잘 들고 물 빠짐이 좋은 사질토
성분 효능	무기질·테르펜·플라보노이드·유기산 / 신경 안정, 염증 억제, 방부제, 구충제
이복	자, 목욕제 샴푸 그립 미용 비누 등에 침가, 베갯속, 방충제

〔특징〕

캐모마일은 저먼 캐모마일(German Chamomile : Matricaria recutica)과 로만 캐모마일(Roman Chamomile : Anthemis nobilis), 보데골드 캐모마일(Bodegold Chamomile), 다이어스 캐모마일(Dyer's Chamomile) 등이 있다. 이중에서 저먼 캐모마일과 로만 캐모마일이 알려져 있다. 꽃에서는 사과 향이 나는데, 'Chamomile'은 그리스어 'chamaimelon'에서 유래되었는데 'chamai'는 땅 위를 뜻하고 'melon'은 사과를 뜻한다. 일반적으로 쓴맛이 덜하고 하얀 꽃이 피는 '저먼 캐모마일'이 많이 쓰인다. 수증기로 증류하여 추출한 저먼 캐모마일 오일 색은 푸른빛을 띠기 때문에 'blue chamomile'이라고도 한다. 로만 캐모마일과 다이어스 캐모마일은 노란 꽃이 피고 정원이나 길가에 심는 식물로 이용하는데 향이 강하다.

캐모마일에는 무기질이 풍부하며, 정유에는 테르펜(terpenes)·플라보노이드·유기산 등 여러 화합물이 함유되어 있다. 몸을 따듯하게 하여 감기를 예방하고, 긴장을 완화시키므로 두통·불면증 해소, 진정 작용 등의 효과가 있다. 캐모마일의 대표적인 향기 성분은 cubebene, β-elemene 및 δ-cadinol이라고 보고되었고, 유럽에서는 캐모마일은 독특한 향과 맛 때문에 다양한 차가 개발되어 있다.

〔개화〕

늦봄인 5월부터 초가을 9월까지 흰색(저먼 캐모마일)이나 노란색(로만, 다이어스 캐모마일)의 꽃이 핀다.

〔분포〕

유럽, 북아프리카, 북아시아가 원산지이다. 우리나라에서도 재배하고 있다.

〔재배〕

전 세계에서 재배되고 있다. 햇볕이 잘 드는 곳에 잘 자라며, 추위에는 강한 편이므로 우리나라도 전역의 양지바른 땅에서 재배할 수 있다. 11월경 파종하는데 흙은 살짝 덮어 주고 토양이 햇볕을 직접 받을 수 있어야 한다. 싹이 많이 나면 솎아

캐모마일 잎(위) / 캐모마일 꽃(아래)　　　로만 캐모마일(위) / 캐모마일 살품(아래)

캐모마일 화원

서 다른 곳에 이식하거나 그 자체를 이용해도 된다. 제대로 성장하기 전까지는 물을 충분히 주고 그 이후에는 물을 자주 주지 않아도 된다. 덜 핀 꽃송이를 따서 햇볕에 말려 차로 이용하는데, 시들면 향이 약해진다. 장마철에 비를 많이 맞으면 꽃이 생기를 잃게 되므로 그 이전에 수확하는 것이 좋다.

〔이용〕

주로 차로 즐기지만 목욕제·샴푸·크림·미용 비누 등에도 첨가하며, 줄기를 작게 잘라서 말려 베갯속으로 쓰면 숙면을 취하는 데 도움이 된다. 방충제 역할도 한다. 우리나라에서도 국화과의 야생식물인 감국이나 산국, 구절초 등을 캐모마일과 같은 방법으로 이용한다. 캐모마일 꽃이나 줄기를 우려낸 물을 시들어 가는 식물에게 주면 생기를 되찾는다.

〔연구 특허〕

관련 특허를 살펴보면, 캐모마일 추출물로 피부 혈행 개선 또는 미백 기능이 있는 화장품, 여드름이나 아토피 피부염을 치료하는 약을 만든다는 특허가 있다. 캐모마일 꽃 추출물로 냄새가 나지 않는 김치를 제조하거나 캐모마일 유산균 발효액으로 항산화 및 면역 증진용 기능성 식품을 만들기도 한다.

큰조롱

큰조롱

여성 갱년기 증상에 좋은
백수오

- 영문명 Wilford swallowwort
- 학명 *Cynanchum wilfordii* (Maxim.) Hemsl.
- 박주가리과 / 여러해살이 덩굴식물
- 생약명 白首烏(백수오)

재배 환경	우리나라 전역 흙이 부드럽고 물 빠짐이 좋은 밭 또는 산기슭
성분 효능	시난콜·사코스틴·강심배당체 / 자양강장, 보혈약, 윤장통변(潤腸通便)
이용	어린순은 나물, 민물고기 요리 또는 김치 양념

〔특징〕

큰조롱은 우리나라 전역의 산기슭 양지쪽이나 바닷가 경사지에 나는 덩굴성 여러 해살이풀로, 『대한약전』에 '백수오'로 등재되어 있으며, 일반적으로 '백하수오'라 고 한다. 뿌리는 땅속 깊이 들어가고, 가을이 되면 줄기는 말라 버리고 봄에 다시 새 줄기가 자란다. 심장형의 잎 2개가 마주나며, 줄기를 자르면 하얀 유액이 나온 다. 외형상 가장 비슷한 식물은 박주가리지만 박주가리 뿌리는 덩이뿌리가 아니 고 수염뿌리이다. 씨앗에는 낙하산 모양의 흰 털이 있어서 바람을 타고 멀리까지 날아가서 번식한다.

가을이나 봄에 긴 덩이뿌리를 캐서 겉껍질을 제거하는데 철로 된 도구를 사용 하지 않고 주로 대나무로 만든 칼을 이용한다.

큰조롱의 덩이뿌리에는 시난콜(cynanchol)·사코스틴(sarcostin)과 강심배당체(强 心配糖體)가 들어 있다. 자양강장(滋養强壯), 보혈약(補血藥)으로 정기(精氣)를 수렴 (收斂)하고 수발(鬚髮)을 검게 한다. 신선한 생것은 윤장통변(潤腸通便)하는 작용이 있어서 노인의 변비를 낫게 한다.

〔개화〕

7~8월경 연녹색의 꽃이 피고, 열매는 길이 8cm, 지름 1cm의 피침형으로 9월에 익 는다.

〔분포〕

우리나라, 중국, 일본, 러시아 연해주 등 동아시아에 자생한다.

〔재배〕

씨앗은 직파하기도 하지만 발아율은 10% 내외로 낮으므로 하루 정도 물에 불린 뒤 배양토에 파종하면 발아율이 80% 이상 된다. 3~4월경 육묘를 이식하는데 100 평당 3,000주 정도가 적당하다. 또한 덩이뿌리를 이용하고 난 뒤 남는 뇌두 부분 을 심으면 거의 예외 없이 새로운 싹을 틔운다. 토양이 부드러울수록 뿌리가 빨리

큰조롱 어린순(위) / 큰조롱 꽃(아래)　　　큰조롱 열매

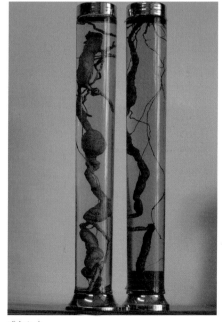

백수오　　　　　　　　　　백수오 술

비대해지므로 밭을 깊게 갈아 주는 것이 좋으며, 물 빠짐 또한 좋아야 한다. 질소 비료를 시비해서 밭에서 재배할 경우 진딧물 등 병해충이 많이 생긴다. 산기슭에 심어서 자연스럽게 키워도 된다.

〔이용〕

약리 실험 결과 강장 작용·조혈 기능 강화·피로 해소·진정 등의 효과가 있고, 임상에서는 신경쇠약에 효험이 있고 남자의 성 기능을 높이는 작용도 확인되었다. 재배된 백하수오는 육묘 이식 뒤 3~5년이 지나면 수확하지만 5년 이상 오래된 것이 더 좋다. 술을 담그거나 술에 약한 사람은 채를 썰어 꿀에 넣어 숙성시키거나 설탕 시럽으로 발효시켜 차로 마실 수도 있고, 백하수오와 맵쌀·대추·꿀 등을 넣어 죽을 쑤어 먹기도 한다. 백하수오는 무·파·마늘, 돼지고기나 양고기와 같이 섭취하지 않는다.

〔연구 특허〕

최근 연구에 의하여 골다공증 예방 효과가 있고, 간기능 회복에 있어서는 백수오 추출물이 적하수오보다 더 활성이 크다는 보고가 있다.

특허를 살펴보면, 백수오 추출물은 면역 기능을 향상시키고, 운동 능력 및 근육 증가의 효과를 가지며, 수면장애를 치료하고 갱년기 질환도 치료한다. 또 발효 백수오는 황산화 및 항염 작용을 증가시킨다는 특허도 있다. 기타 백수오 피부 노화 방지 화장품·막국수·떡·발효빵·차 등 다양한 특허가 출원되고 있다.

택사

택사

이뇨제

- 영문명 Channelled water plantain
- 학명 *Alisma canaliculatum* A.Br. &Bouche
- 택사과 / 여러해살이풀
- 생약명 澤瀉(택사)

재배 환경	남부 지방의 물가, 얕은 물속
성분 효능	알리솔 A·B, 에피알리솔 A / 산화, 항균, 항진균, 이뇨 작용
이용	긴강 음료, 식재료, 화장품 원료, 한약재

〔특징〕

택사는 양지쪽의 늪이나 연못에 자라는 택사과의 여러해살이풀이다. 잎은 뿌리에서 모여나며, 키는 40~120cm 정도로 자란다. 둥근 덩이뿌리를 약용하는데 수염뿌리가 많다. 뿌리를 키우려면 꽃을 따 주어야 한다. 유사종으로 질경이택사·둥근잎택사·대택사초·벗풀 등이 있다. 남부 지방에서는 벼를 조기 재배하고, 후작으로 택사를 재배하기도 한다.

택사는 옛부터 이뇨제로서 각종 부종·각기·당뇨 등에 이용해 온 생약재로서 『방약합편』에서는 "澤瀉苦寒治腫渴 除濕通淋陰汗遏(택사고한치종갈 제습통림음한알)이라, 택사는 맛이 쓰고, 성질은 차다. 종기나 소갈을 다스리며, 제습 통림하고 음한을 막는다. 술에 하룻밤 담가 쓴다. 과용하면 안질이 생긴다"라고 하였다.

〔개화, 결실〕

7~9월경 하얀 꽃이 피고, 9~10월경 씨앗을 맺는다.

〔분포〕

우리나라 전역, 백두산 부근에 자생한다. 대만(타이완), 일본, 중국 등에 분포한다.

〔재배〕

자생지를 살펴보면, 택사는 물속에서도 자라지만 깊은 물속보다는 물가 또는 뿌리만 살짝 잠기는 정도의 얕은 물속에 잘 자라는데, 햇빛이 토양에 직접 닿는 곳일수록 뿌리가 빨리 커진다. 따라서 재배할 때도 둔덕과 고랑을 만들고 고랑에만 물을 대는 것이 좋다. 일반적으로 질경이택사를 많이 재배한다. 전국에서 재배가 가능하지만 전라남도 순천과 무안, 경상북도이 상주 등이 주요 새배시이다. 남부 지방에서는 벼 수확 직후 논에 재배할 수 있는데 7월 중순경 파종했다가 8월경 이식한다.

씨앗은 작고 가벼워서 바람에 날리므로 모래 등을 섞어서 뿌리고 모래로 복토해 주는 것이 좋다. 이식하는 모판은 물을 대기 쉽고 볕이 잘 드는 곳이며, 벼를 심

택사　　　　　　　　　　　　　　　둥근잎택사(위) / 질경이택사(아래)

택사

을 때처럼 줄을 맞추어 20~30cm 간격으로 얕게 심고 가뭄 피해를 입지 않도록 관수 관리를 잘해야 한다. 꽃 필 무렵 진딧물 구제를 해 주어야 하는데, 고비와 비슷한 식물인 관중 추출물이나, 무화과와 멀구슬나무 및 담배 잎의 혼합추출물, 목초액 등 가급적 천연 재료를 사용하는 것이 좋다.

뿌리를 키우기 위해서는 꽃대를 잘라 준다. 잎이 시드는 가을 이후에 물을 빼고 수확한다.

〔이용〕

택사는 이뇨 작용이 강하고 혈압을 낮추며, 콜레스테롤치를 줄이는 효능이 있다. 택사를 볶아서 차를 만들거나 정제하여 과립차를 만든다. 발효액·발효주·발효 식초를 만들기도 하며, 대추·구기자(오미자)·사과 농축액과 함께 섞어서 건강 음료를 만들기도 한다. 택사 분말을 만들어 두면 떡·국수·수제비를 만들거나 된장·고추장을 제조할 수 있으며, 각종 요리의 기초 재료로 활용할 수 있다. 독은 없으나 성질이 차므로 과용하는 것은 바람직하지 않다. 기능성 화장품이나 수제 비누에 첨가할 수 있으며, 택사 분말은 무좀에 도포약으로도 이용한다.

〔연구 특허〕

최근 택사추출물은 항산화·항균 또는 항진균 작용이 있고, 항비만·간 보호·혈압 강하 효과에 대한 연구가 있으며, 고지혈증이나 염증성 폐질환, 골질환 및 치주질환의 치료제를 만들거나 항주름 또는 피부 미백 효과를 가진 기능성 화장품을 만든다는 특허가 있다. 택사의 지상부에 대한 연구는 부족한 편인데, 택사 전초에는 항산화 및 항균 효과가 있으므로 조류독감과 관련, 가금류의 면역 증진용 사료 첨가물 개발도 고려해 볼 수 있을 것이다.

함초

퉁퉁마디

짠맛 나는 염생식물

- 영문명 Marshfire glasswort
- 학명 *Salicornia europaea* L.
- 명아주과 / 한해살이풀
- 생약명 鹹草(함초)

재배 환경	남부 지방의 폐염전, 염도가 높아서 다른 작물을 재배하기 힘든 간척지의 논
성분 효능	콜린 · 비테인 · 미네랄 / 위장질환 개선, 성인병 개선, 숙변 제거, 비만 개선
이용	나물 · 샐러드 · 죽 · 발효음료 · 술 등의 식재료, 소금, 비누 원료

〔특징〕

퉁퉁마디는 마디가 튀어나와서 '퉁퉁마디'라고 하며, 짠맛이 나서 '함초(鹹草)'라고 한다. 주로 만조선 부근의 침수되지 않는 곳에서 무리지어 자란다. 잎은 퇴화되었고 녹색의 줄기는 다육질이고, 10~30cm 자라는데 가을이 되면 붉게 물든다. 퉁퉁마디는 콜린(Choline), 비테인(Betain), 식이섬유, 망간·칼슘·아연·요오드·구리·철·인 등의 미네랄을 다량 함유하고 있다. 위염·위궤양 등의 위장질환, 고혈압·비만·당뇨 등의 성인병과 관절염 등을 개선하고 치료하는 등 이용 범위가 넓은 염생 식물이다. 특히 배변 활동을 원활하게 하여 변비를 예방하고 숙변을 제거하므로 비만 등에도 효과가 좋다.

〔분포〕

우리나라 서남해안에 자생한다. 러시아, 일본, 중국, 아프리카, 유럽, 북미에 분포한다.

〔개화〕

8~9월경 녹색의 꽃이 피고, 9~10월경 열매가 익는다.

〔재배〕

퉁퉁마디는 자연 상태에서 채취하는 것만으로는 수요를 충당하지 못하여 폐염전이나 염도가 높아서 다른 작물을 재배하기 힘든 간척지의 논 등에서 재배한다. 재배지의 포장을 가을이나 봄에 1~2차례 바닷물을 담수하여 로타리하고 배수하는 작업을 1~2차례 실시한 뒤, 종자를 가을 또는 봄에 파종하는데 가을에 파종하면 더 일찍 수확할 수 있다. 비닐하우스에서 재배하면 겨울에도 맛볼 수 있다. 종자는 저온 저장해야 발아율이 높고, 염 농도가 낮은 곳에 파종한 것이 높은 곳보다 발아율이 높다고 한다. 소금기가 없는 논에 파종하여 바닷물이나 소금을 녹인 물을 주면서 키울 수 있다. 퉁퉁마디는 나트륨(Na)이 전혀 없으면 살지 못한다. 육지의 토양에서 유기농법으로 재배하여 쓴맛이 없고, 짠맛을 줄여서 섭취가 용이한 퉁

함초

함초 나물

함초

퉁마디 새싹채소를 재배한다는 특허도 있다.

[이용]

퉁퉁마디는 오래전부터 바닷가 사람들이 많이 먹었던 식재료로, 데쳐서 콩나물과 함께 무치거나 국을 끓이거나 차로도 이용한다. 또 현대인의 기호에 맞도록 샐러드·죽·비빔밥·초밥 재료로 이용한다. 분말을 만들어 두면 천연조미료가 되는데, 생선을 구울 때 소금 대용으로 뿌리고, 전이나 수제비 등 각종 요리에 첨가하며, 물에 타 마시기도 한다. 발효액을 만들어 음료나 요리할 때 이용하고, 발효주나 발효 식초도 만든다. 간장·조미 김 가루·자반·천연비누와 천연샴푸 등 퉁퉁마디로 다양한 상품을 만든다. 함초 소금을 만들기도 한다.

[연구 특허]

최근 학계의 연구 및 특허에 의하면, 퉁퉁마디는 고혈당이나 고지혈 등 지질대사를 개선시키고, 백혈병·고혈압·아토피피부염·패혈증 등의 치료약이 되고 있다. 또 퉁퉁마디의 씨 추출물은 항세균 및 항혈전제 개발이 가능하고, 퉁퉁마디의 발효추출물은 발효 전에서는 없었던 혈전 분해능이 있다는 등의 많은 연구가 이루어지고 있다.

하수오 덩굴

하수오

산고구마

● 영문명 Tuber fleece flower
● 학명 Fallopia multiflora (Thunb.) Haraldson
● 마디풀과 / 여러해살이 덩굴식물
● 생약명 赤何首烏(적하수오)

재배환경	남부 지방. 겨울에 땅이 얼지 않는 따뜻한 곳. 습기가 많지 않고 토심이 깊은 곳
성분효능	전분·레시틴 / 거풍(祛風), 보간(補肝), 익신(益腎), 보혈(補血), 오수발(烏鬚髮), 윤장통변(潤腸通便)
이용	이린소을 니믈코 머교, 생입을 죵기 지료에 외용. 한방약재.

〔특징〕

하수오는 거풍(祛風), 보간(補肝), 익신(益腎), 보혈(補血), 오수발(烏鬚髮), 윤장통변(潤腸通便) 등의 효능으로 임상에 많이 사용하는 생약이다. 하수오는 모양이 꼭 고구마 같아서 '산고구마'라는 이름으로 부르기도 하였다. 그런데 백수오(큰조롱), 하수오, 이엽우피소라는 서로 다른 3종류의 식물이 하수오라는 이름을 같이 이용하고 있어서 혼동되고 있다. 일반적으로 중국과 우리나라의 고의서에 나오는 '하수오'는 주로 적하수오를 의미하는 것이었다.

최근의 중국 약전에서는 '하수오'란 이름으로 백수오, 하수오, 이엽우피소를 모두 나열하고 있다. '백수오'는 박주가리과의 큰조롱(은조롱)이고, '하수오'는 마디풀과의 하수오를 말한다. 백수오는 우리나라 자생식물이고, 하수오는 따뜻한 남서해안 일부 도서 등에서 자생지를 발견할 수 있는 것으로 미루어 볼 때, 씨앗이 중국으로부터 바람을 타고 날아와 정착한 것으로 보인다. 내륙에서 발견되는 하수오는 대부분 재배하던 것이 야생화된 것이다. 우리나라의 '백수오'를 북한의 약전에서는 '백하수오'라고 기록하고 있다. 하수오는 덩굴성 식물로서 1년생 줄기는 가을이 되면 말라 죽지만 오래된 줄기는 목질화되는데 오래된 줄기도 약재로 이용한다.

〔분포〕

우리나라 서남해안의 일부 따뜻한 곳에서 주로 발견된다. 경북 · 충청 · 강원도에서 발견되지만 대부분 한약재로 심은 것이고, 자생하는 경우는 거의 없다. 뿌리를 깊게 내리지 않는 하수오는 온난대성 기후에 적합한 식물로, 전국 어디서나 재배할 수는 있지만 겨울에 땅이 얼어 버리는 곳에서 결실률이 낮아진다.

〔개화〕

8·9월경 가지 끝에 백색의 원뿔모양꽃차례에 작은 꽃이 많이 달린다.

〔재배〕

하수오는 옆으로 뻗는 땅속줄기이고, 마디가 맺히는 부분에 둥근 괴근이 생기며

하수오 어린순(위) / 하수오 꽃(아래)

목질화된 하수오 줄기(위) / 하수오 열매(아래)

하수오 덩이뿌리

하수오 덩이뿌리

땅속 깊이 들어가지 않으므로 겨울에 땅이 얼지 않는 따뜻한 곳에서 재배하는 것이 좋다. 종자를 밭에 직접 파종하거나, 번식은 종자를 발아시킨 육묘를 심기도 하고, 작은 덩이뿌리(종근)를 심거나 큰 뿌리를 잘라서 심기도 한다. 토질은 관계없이 잘 자라지만 과습은 피해야 하고 토심이 깊은 곳의 수확률이 높다. 옆으로 뻗어가는 땅속의 줄기를 잘라서 심어도 잘 자란다. 덩굴성 식물로서 햇빛을 좋아하므로 줄기가 타고 올라갈 수 있는 버팀대를 설치해 준다. 재배하던 하수오 씨앗이 퍼져서 야생화한 것이 소나무 · 대나무 · 담장 · 지붕 등을 타고 줄기를 뻗는데, 줄기의 번식이 왕성하므로 버팀대는 튼튼하게 설치해 주어야 한다. 정식 뒤 3~4년이 되면 수확이 가능하다. 밭에서 재배하는 것이 시비 등 관리하기는 편하고 수확률이 높지만 밭의 언덕이나 잡목림 사이에 임간 재배하기도 한다.

〔이용〕

어린순은 나물로 먹으며, 생잎은 곪은 데 붙여서 고름을 흡수시킨다. 뿌리 또는 목질화된 묵은 줄기로 담금주를 담는다. 오래된 줄기는 '야교등(夜交藤)'이라 하여 불면증을 치료하는 약재로 이용한다. 가을 또는 이른 봄에 캔 덩이뿌리는 잔뿌리를 다듬은 뒤 햇볕에 말리거나 쥐눈이콩 삶은 물에 구증구포(九蒸九曝)하여 쪄서 말린다. 한방에서는 강장 · 강정 · 보혈 · 완화제로 사용하는데, 적절하게 처리하지 않은 하수오를 과량 복용하여 황달 등으로 병원에 실려 간 사례가 많으므로 주의해야 한다.

〔연구 특허〕

하수오 관련 특허를 살펴보면, 적하수오 에탄올 추출물을 포함하는 혈전 감소용 조성물, 혈중 콜레스테롤 저하용 조성물, 혈압 강하제, 비만 예방 및 치료제, 탈모 방지 및 육모 촉진제, 피부 주름 개선용 화정품, 적하수오 영양밥, 하수오 고추장, 적하수오 발효액 제조 방법, 적하수오 티백차 등 다양한 특허가 출원되고 있다.

해국

해국

바닷가에 피는 국화

- 영문명 Seashore spatulate aster
- 학명 *Aster spathulifolius* Maxim.
- 국화과 / 여러해살이풀
- 생약명 *海菊*(해국)

재배 환경	남부 지방의 햇볕이 잘 들고, 물 빠짐이 좋은 경사지
성분 효능	게르마크론, 알파-스피나스테롤 배당체 / 항산화제, 천연 방부제, 항비만 작용
이용	나물, 꽃차, 혈청 지질 개선제, 당뇨 및 당뇨합병증 치료약, 수렴 및 항노화 효과를 가진 피부 외용제

[특징]

해국은 우리나라 전역의 바닷가 바위틈이나 절벽에 자생한다. 독도에도 해국이
자란다. 주로 가을에 꽃이 피고 줄기는 다소 목질화하며, 가지가 많이 갈라진다.
해풍을 견디기 위해 키는 30~60cm 정도로 작고 뿌리는 깊게 내린다. 제주도에서
는 한겨울에도 잎이 푸르다.

한방에서는 꽃을 포함한 전초를 채취하여 약용한다. 만성간염 · 비만증 · 기침 ·
감기 · 방광염 · 배뇨장애 등을 치료하는 데 이용된다.

[개화]

개화 기간이 긴 편이다. 7~11월경 연한 보랏빛 꽃이 피고, 수분이 된 뒤에는 흰색
으로 변한다. 처음부터 흰 꽃이 피는 해국(변이종)도 있다.

[분포]

우리나라 전역의 바닷가, 일본에 분포한다.

[재배]

내건성과 환경내성이 강하지만 내한성은 약한 편이다. 생명력이 강하여 해변이
아닌 화단이나 정원에 심어도 잘 자란다. 햇볕이 잘 들고, 물 빠짐이 좋은 경사지
에서 키우는데, 심한 건조와 과습은 금물이다. 주로 종자로 번식시키는데, 가을
에 익은 종자를 채취하여 바로 뿌리거나 냉장 보관하였다가 3~4월경 뿌린다. 파
종 후 첫해는 개화하지 않으므로, 꽃을 빨리 보고 싶은 경우에는 꺾꽂이나 포기나
누기를 하면 되고, 이식해도 잘 자라는 식물이다. 발아하거나 이식한 뒤에는 수분
관리를 충분히 해 주어야 한다. 장마철에 줄기를 뿌리에 기깝게 질라 주면 가시가
많이 나와서 보기에도 좋고, 풍성한 꽃을 즐길 수 있다.

[이용]

해변을 장식하는 지피식물로도 좋고, 암석정원이나 화단이나 화분에 심어 두면

해국 어린순(위) / 해국(아래)　　　해국 가을 잎(위) / 겨울에 시든 해국 잎(아래)

해국

관상용으로 훌륭하다. 어린순은 데쳐서 찬물에 우려서 나물로 먹고, 어린잎과 꽃은 말려서 꽃차를 끓여 마신다.

〔연구 특허〕

충북대학교의 「해국 추출물의 항산화 효과」에 대한 실험은 해국 지상부 및 해국 꽃은 대체 항산화제 또는 천연 방부제로서 의약품·식품·화장품 등의 개발에 응용될 수 있다는 연구이다. 항암 효과도 확인되었는데, 인간 위암세포·유방암세포에 해국 등의 국화과 식물 추출물을 처치한 결과 농도 의존적으로 암세포 성장을 억제시켰다는 실험 결과도 있다.

특허를 살펴보면, 해국 추출물을 이용한 혈청 지질 개선제·당뇨 및 당뇨합병증 치료약·수렴 및 항노화 효과를 가진 피부 외용제를 만들고, 해국 추출물이 체내의 에너지 대사 효율에 영향을 미침으로써 동일한 양을 섭취하더라도 체내에 흡수되는 에너지의 양을 효과적으로 낮추어 주므로 비만 예방 및 치료에 유용하게 이용될 수 있다는 내용의 특허도 있다.

헛개나무 열매

헛개나무

나무 조각을 술에 넣으면
술이 물이 된다

- 영문명 Oriental raisin tree
- 하명 *Hovenia dulcis* Thunb.
- 갈매나무과 / 낙엽 활엽 교목
- 생약명 枳椇(지구), 枳椇子(지구자)

재배 환경	중부 지방의 계곡 하단부 등 보습력이 있고 토심이 깊으며 비옥한 토양
성분 효능	트리테르페노이드 사포닌 화합물·플라보노이드 / 숙취 증상 해소, 간장 질환 개선
이용	건축재, 가구재, 숙취 해소 음료, 피부 노화 방지 화장품

〔특징〕

헛개나무는 산중턱 숲 속에 나며 키는 10m 정도로 자란다. 나무는 건축재나 가구 재로 쓰고, 열매는 '지구자(枳椇子)'라 하는데 맛은 담담하지만 단맛이 있어서 식용하고, 과실주를 담기도 한다. 특히 헛개나무 열매는 알코올 분해 효소와 아세트알데히드의 분해 활성을 증진시켜 음주 뒤 나타나는 두통·어지럼증·구취·구갈 등의 숙취 증상을 해소하는 기능이 있다. 또 간 기능을 높이고 간에 쌓인 독을 풀어 주어 술독이나 공해 독으로 인한 각종 간장 질환에 효능이 뛰어나다.

『본초강목』에서는 술을 썩게 하는 작용이 있다고 하며, 생즙은 술독을 풀고 구역질을 멎게 한다고 되어 있다. 집을 수리하다가 헛개나무 토막을 술독에 빠트렸더니 술이 물로 변했다는 이야기가 전해 온다.

〔개화〕

6~7월경 흰색의 꽃이 피고, 열매는 9~10월경 갈색으로 익는다.

〔분포〕

우리나라의 전역, 중국, 일본, 태국에 분포한다.

〔재배〕

자생지는 주로 계곡의 중 하단부이고, 토양은 어느 정도 보습력이 있는 곳이다. 음지나 양지 모두에서 잘 자라며 내한성도 강하지만 건조에는 약하다.

종자 번식은 가을에 채취한 종자를 노천 매장하였다가 봄에 파종한다. 묘목을 구해서 심는 것이 여러 모로 편리하고 수확을 앞당길 수 있다. 어린 묘목은 수분과 비배를 관리해 주면 좋다. 토심이 깊고 비옥한 토양이 좋은데 물 빠짐이 좋아야 한다. 과거에 작물을 재배하던 한계농지나 유휴농지에 심는다. 헛개나무는 병해충이 거의 없어 무농약으로도 재배할 수 있다.

헛개나무 꽃

헛개나무 열매

헛개나무 줄기

〔이용〕

연한 잎은 생으로 고기와 쌈 싸 먹거나, 장아찌도 담그며, 차로 우려내어 마시기도 한다. 열매는 생채로 간식 대용으로 먹거나 즙을 내어 복용한다. 또 차나 식혜·술·환을 만들며, 나무껍질과 뿌리도 약용하는데, 육류 요리에 곁들이기도 한다. 민간에서는 나무수액을 채취하여 액취증(겨드랑이 냄새)에 바른다. 헛개나무를 이용한 해장국·선지국밥·족발·생태탕·냉면 등 다양한 요리에 접목한 식당도 성업 중이다. 헛개나무의 줄기·껍질·잎·열매는 독성이 없으나 나무의 심재 부분은 이용하지 않는다.

〔연구 특허〕

최근 연구에 따르면, 헛개나무와 천마 혼합 추출물이 숙취 제거 효과가 크고, 헛개나무 열매 추출물이 운동 능력 향상 및 피로 개선 효과가 있으며, 잎 추출물은 암세포 성장을 억제하였으며, 헛개나무 열매를 첨가한 식혜는 기호도와 저장성을 현저히 높인다고 되어 있다.

특허를 살펴보면, 헛개나무 추출물은 숙취 해소용 음료·발효 식초·간장·된장·열매 티백차나 과립차·잎차·기능성 커피를 만들고, 누룽지·쌀국수·헛개나무재첩국 또는 복국·죽이나 해장국 등을 만들며, 헛개나무 김치도 담고, 콩나물 재배에도 이용한다.

또 숙취 해소 및 간 기능 개선, 콜레스테롤 저하, 골 질환 개선, 비만 치료, 혈전성 질환 치료, 스트레스 저하용 약물, B형 간염 치료제를 만들고, 피부 노화 방지 화장품을 만들 때에도 헛개나무를 이용한다.

황기

황기

대표적인 보기약(補氣藥)

- 영문명 Hwanggi
- 학명 *Astragalus mongholicus* Bunge
- 콩과 / 여러해살이풀
- 생약명 黃芪(황기)

재배 환경	밤낮의 기온차가 심한 중북부 산간 고랭지, 토양 습도가 보존되지만 물빠짐이 좋으며 부식질이 많은 토양
성분 효능	이소플라본 배당체, 사포닌 / 항산화 작용, 간 기능 보호 작용, 항바이러스 작용, 항고혈압 작용, 이뇨 작용, 혈당 강하 작용, 면역 증강 작용
이용	밤 나물ㆍ된장ㆍ떡 등이 각종 식재료, 한방약, 야바아 등

〔특징〕

황기는 우리나라의 중북부 지방에 자생하지만 자생하는 황기는 그리 많지 않으며, 정선과 제천 등지에서 많이 재배하고 있다. 정선황기라는 품종은 따로 있는데 줄기가 옆으로 누워서 자라고 꽃 모양이 다르다. 제주도에는 제주황기가 있고, 서해안에는 갯황기, 백두산에는 염주황기가 있다. 자연산 황기는 뿌리에 잔뿌리가 없고 길게 내려가며, 매끄럽고 광택이 있다. 가을에 뿌리를 캐어 식용, 약용하는데, 보양식인 닭이나 오리백숙과 잘 어울리며, 황기어죽·황기마늘밥을 만들기도 한다.

황기에는 여성호르몬 대체 물질로 알려져 있는 이소플라본 배당체와 사포닌이 들어 있다. 한방에서는 지한(止汗)·이뇨·강장·혈압 강하 등의 목적으로 사용된다. 기운을 보충해 주는 대표적인 한약재로서, 땀을 많이 흘리는 다한증에 좋고, 십전대보탕·당귀항귀탕·방기황기탕 등의 보기약(補氣藥)에 인삼 다음으로 많이 쓰인다. 황기의 항산화 작용·간 기능 보호 작용·항바이러스 작용·항고혈압 작용·이뇨 작용·혈당 강하 작용·면역 증강 작용 등의 효능이 검증되었고, 폐암에는 황기와 사삼의 병용 투여가 항암 효과를 상승시킨다는 연구가 있다.

〔개화〕

7~8월경 황백색의 꽃이 핀다.

〔분포〕

우리나라 중북부, 중국, 몽골 등 아시아 지역과 유럽 및 아프리카에 분포한다.

〔재배〕

자연산 황기는 찾아보기 어렵고, 야생하는 황기도 대부분 밭에서 씨가 퍼져서 번식한 것들이다. 야생 황기는 십수 년을 살지만 재배하면 5년을 넘기기 어렵다. 황기 재배는 밤낮의 기온차가 심한 중북부 산간 고랭지가 좋고, 토양 습도가 보존되지만 물 빠짐이 좋으며 부식질이 많은 토양에서 잘 자란다. 재배할 때는 밭에 미리 밑거름을 넣고 깊이 갈아 두둑을 만들고 비닐 피복을 해 준다. 종자 번식은

염주황기(위) / 정선황기(아래)   황기

황기

2~3년생의 건실한 포기에서 채취한 충실한 햇종자를 골라 쓴다. 봄이나 가을에 본밭에 직파한다. 발아할 때까지 짚이나 풀을 덮어 주고 생육 초기에는 수분 관리를 해 준다. 뿌리를 굵게 키우려면 꽃줄기를 따 준다.

[이용]

어린순은 쌈이나 겉절이 · 샐러드 · 나물을 만들어 먹는다. 꽃은 차나 샐러드를 만들어 먹을 수 있고, 말린 뿌리는 술을 담가 마신다. 황기는 다양한 요리와 잘 어울리므로 된장 · 떡 · 식빵도 만들 수 있다. 황기족발 · 황기닭곰탕 · 황기막국수 · 황기짬뽕 식당도 성업 중이다. 생잎과 줄기, 꽃, 뿌리로 발효액을 만들어 음료나 요리에 첨가하며, 발효주나 발효 식초도 만드는 등 각종 식품에 이용할 수 있다. 버려지는 황기 줄기를 동물 사료에 첨가해도 좋다.

[연구 특허]

황기는 주로 껍질을 벗겨 말린 것이 유통되는데, 뿌리껍질에 생리 활성 물질이 많이 함유되어 있으므로 약용으로는 껍질을 벗기지 않은 것이 좋다. 「건조 유무에 따른 황기 추출물의 특성」이라는 논문에는 생 황기가 건조 황기보다 항산화와 항균 활성 및 관능적 특성에서 더 우수하다는 실험 결과가 있다. 황기는 천식을 억제하는 효능이 있는데, 재배 기간이 길수록 효과가 더 우수하다는 보고가 있고, 간 손상에 당귀 황기 약침요법이 효과적이라는 논문도 있다. 다만 체내에 암을 보유하고 있는 경우, 혈관 신생 작용이 있어서 암세포를 키울 수 있으므로 주의하는 것이 좋다. 혈당 강하제 · 구강질환 치료약 · 당뇨병 예방약 · 특발성 혈소판 감소성 자반병의 치료약 등을 만드는 데 황기를 이용하고 있다.

특허로는 「노린재나무 및 황기 추출물을 포함하는 관절염 예방 또는 치료용 소성물」, 「황기 추출물 및 지치 추출물을 유효 성분으로 하는 관절염 예방 또는 치료용 약학적 조성물」, 「복분자와 황기 혼합추출물을 포함하는 골다공증 예방 및 치료용 조성물」, 「황기 및 당귀의 혼합 생약재 추출물을 유효 성분으로 하는 항암제 투여에 의해 유발되는 부작용 치료용 조혈 촉진제」 등이 있다.

황칠나무 수액

황칠나무

만년 황칠

- 영문명 Korean dendropanax
- 학명 *Dendro-panax Morbifera* Nakai
- 두릅나무과 / 상록 활엽 교목
- 생약명 楓荷梛(풍하이)

재배 환경	남부 지방 남서해안의 반양지 또는 반음지의 산이나 섬. 보수력이 있는 비옥한 토양
성분 효능	안식향 / 혈행 개선, 항산화, 간기능 개선, 면역력 증진
이용	가구용 도료, 차, 항암약, 화장품 원료

〔특징〕

황칠나무의 학명에는 '나무인삼'이라는 뜻이 들어 있다. 키는 15m 정도까지 자라
는데 어린 가지는 녹색이고 광택이 있으며, 잎 모양은 삼지창 형상이 기본이지만
타원형 잎도 가끔 보인다. 황칠나무는 6년 이상의 수령에서 열매를 맺는다. 우리
나라 서남해안 및 섬 지역에 자생하는데 다른 상록성의 키 큰 관목 속에서도 잘
자라는 편이다.

수피에서 추출되는 수액인 황칠은 옻칠 대신 사용되는데, 왕실 가구용 도료로
진상되었다고 하며, 초기에는 맑은 색이었다가 산화되면서 황색이 강해진다. 이
황칠은 옻칠보다도 수명이 길다고 해 '옻칠 천 년 황칠 만 년'이라는 말도 있다. 황
칠은 안식향을 품고 있어서 다양한 약리 작용도 있는데, 거풍습 및 활혈 작용을
하여 혈행 개선, 항산화, 간기능 개선, 면역력 증진 효능이 있다. 또한 황칠 추출물
은 혈액 내의 총 콜레스테롤, 트리글리세리드, 저밀도콜레스테롤(LDL) 수치를 감
소시키는 반면, 고밀도콜레스테롤(HDL : 몸에 좋은 콜레스테롤) 수치는 증가시키는
등(Antiatherogenic activity of Dendropanax morbifera essential oil in rats, 정일민 외, 2009, 해외
의학저널 'Pharmazie. 2009 Aug' 참조) 혈액을 맑게 하는 데 도움이 되는 약나무라 할
수 있다.

〔개화〕

7~8월경 흰 꽃이 피고, 9~11월경 열매가 검게 익는다.

〔분포〕

우리나라 서남해안 및 섬 지역, 서부 도서(서북 한계 외연도) 일본에 분포한다.

〔재배〕

황칠나무는 내륙에도 자생하지만 대부분 따뜻한 남서해안의 바닷가의 반양 반음
지의 야산에 자생한다. 토양은 보수력이 있는 비옥한 곳이 좋다. 종자로 번식시켜
묘목을 키우는데 해가림과 토양 습도 관리를 해 주어야 한다. 어린 묘는 음지에서

황칠나무 뿌리에서 움트는 새순(위) / 황칠나무 잎(아래)　　황칠나무 열매. 수령이 6년 이상 되어야 열매가 달린다.

황칠나무　　　　　　　　　　　　　　　황칠나무

잘 자란다. 파종 뒤 한 달 정도 지나면 발아하고, 잎이 3~4장 되면 이식한다. 가을에 재배지에 직파하기도 한다. 꺾꽂이로도 번식된다. 묘목을 구하여 심으면 수확을 앞당길 수 있는 등 여러 모로 편리하다. 상록의 조경수로 심지만 추위에 약한 것이 흠이다. 묘목의 형태를 다듬어서 화분에 심어 실내에서 키워도 된다.

〔이용〕

황칠나무는 잎, 줄기, 열매, 뿌리까지 식물 전체를 차로 달여서 먹는다. 밥을 지을 때 넣어도 되고, 황칠나무 삼계탕·황칠나무 물회도 만들고, 분말이나 발효액을 만들어 각종 요리에 첨가한다. 황칠나무를 이용하고 있는 특허에 의하면, 황칠나무로 액상 또는 과립차를 만들고, 황칠 음료·발효주·항비만 발효 식초·간장·된장·황칠나무 김치·식품 첨가제·황칠나무 전복 장조림·갈비탕·닭강정·황칠 인삼·황칠 국수 등 다양한 식품 제조에 황칠나무가 이용되고 있다.

〔연구 특허〕

황칠나무 발효액을 유효 성분으로 하는 혈행 개선용 조성물, 고지혈증 예방용 식품, 고혈압 치료약, 혈당조절용 식품, 당뇨에 의해 저하된 인지기능 또는 기억능력 개선용 조성물, 간질환 치료제, 숙취 해소제, 장질환 치료약, 항산화활성, 항암활성, 항균 활성이 뛰어난 황칠나무의 종실 추출물, 황칠나무 및 가시오가피로 구성된 복면역증강용 조성물, 황칠나무 추출물로부터 분리한 화합물을 유효 성분으로 함유하는 암 예방 또는 치료용 약학적 조성물, 암 예방 또는 개선용 건강기능식품, 항암제에 의해 유발되는 신장 독성을 억제하기 위한 황칠나무 추출물을 포함하는 약학 조성물, 전립선 비대증의 예방약, 남성 갱년기 증후군 치료제, 황칠나무 추출물을 포함하는 남성 성기능 개선용 조성물, 황칠나무 발효 추출물을 포함하는 항염증 또는 식중독 예방 또는 치료약, 골 질환 예방 또는 치료제, 불면증 치료 또는 개선용 조성물, 천식 치료제 등 의약 용도의 특허도 많이 출원되었고, 피부 미백 화장품, 아토피 또는 탈모 개선 화장료, 미용 비누도 만든다는 등의 다양한 특허가 출원되고 있다.